Future

Future

遠距工作革命

哈佛商學院教授教你，
在哪辦公都高效的創新方法

REMOTE WORK REVOLUTION

Succeeding from Anywhere

Tsedal Neeley

采黛爾·尼利——著　聞翊均——譯

CONTENTS

CONTENTS

CONTENTS

【推薦序】擁抱全新的遠距辦公革命

劉邦彥

25sprout 新芽網路股份有限公司從二〇一三年，就開始了遠距工作模式的實驗。在當時的台灣，遠距上班還是一個很創新的工作模式，因為這代表員工可自由地在任何地方工作，這包括溫暖的家、海邊，或一家在巴黎的咖啡廳。在經過一年的實驗後，普遍獲得同事們的好評，同時也發現身為一家網路公司，只要有順暢的網路和完善的線上工具，在什麼地方工作其實並不影響效率，從此遠距辦公成為25sprout 一個吸引人的特殊福利。

在二〇一九年，新冠肺炎開始襲擊全世界，「在家上班」（work from home，WFH）成為一種新日常。雖然台灣疫情相對穩定，我們也在二〇二〇年底開始實施常態性的「3-2-2」混合辦公實驗。所謂「3-2-2」，表示每周可任選3天進辦公室，2天「在任何地方工作」（work from anywhere，WFA），另外2天是周末。我們在這段期間，持續透過問卷，了解同仁們居家上班的工作狀況，例如家裡的工作與網路環境、與同事及與客戶之間的溝通品質、在家工作的適應狀況等，結果高達九八％的同事喜歡、且希望能維持這樣的混合辦公模式。

從公司創立以來，遠距辦公模式就一直是我們自豪的工作文化之一。「3-2-2」混合辦公模式實驗的成功，讓遠距工作模式成為常設的工作制度，也因此當二〇二一年年中，台灣甫突破百例確診且升至三級警戒時，我們即宣布關閉辦公室，並在接下來的半年，全員都在家工作。也因為得利於先前已經實行的「3-2-2」混合辦公經驗，縱使為期半年的辦公室關閉，無論是在業務或財務方面，對我們的營運來說幾乎沒有造成任何影響。

也因為過去這段時間，我帶領公司經歷過不同階段的遠距工作模式實驗，當讀完這本由哈佛商學院教授采黛爾．尼利所著的新書《遠距工作革命》之後，我不僅對書中許多觀點感到共鳴，更對於能與作者就未來全新的工作模式之見解相符，而感到興奮。此外，本書另一可貴之處則是引導各位讀者，充分了解遠距工作模式為企業帶來的優勢與挑戰。

書中多次提到透過數位工具來維持遠距工作效率，以及設定共同目標達成共識，進而建立團隊彼此間的信任，這也是我們一直以來努力在做的事，包括導入完善的數位工具，如 Slack、Google Workspace、Notion、Figma 等讓線上協作更順暢；也透過 OKR*，讓團隊的目標一致與建立共識。還有不定期的部門線上線下聚餐、Team Building 活動或是 Workshop 等，也是為了讓並非天天見面的同事們增加彼此的熟悉度與信任感。

隨著全球疫苗施打率普及以及重症率下降，人們也逐漸回復以往的生活方式。然而就像作者所說：「全球遠距工作機會只會越來越多，遠距工作型態，將是未來人們的日常。」一家能把遠距工作模式納入常態工作制度的企業，不僅在疫情期間具備更強的適應力，少了空間及距離的限制，企業更能廣納來自世界各地的優秀人

* Objectives and Key Results，目標與關鍵結果法，係由 Google、亞馬遜等美國大型企業所發起的新目標管理法。

才。同時隨著遠距辦公帶來諸如辦公室成本大幅下降與員工滿意度提升等好處，都讓遠距工作模式對經營者來說充滿了吸引力。

因疫情而激發的全新工作模式正在席捲全球各行各業，無論現在各位的企業是採用傳統的朝九晚五辦公室打卡，或遠距辦公模式優先的工作型態，本書都可幫助你認識這個未來很有可能成為主流的工作模式；當然，每個決策背後都會有正反面的影響，當企業在擁抱遠距工作模式的同時，也將面臨許多挑戰，如該如何維持團隊生產力、加強同事彼此間的信任甚至避免企業文化的稀釋等，而作者也在書中以許多實際案例為輔，深入淺出分享不同企業在面臨挑戰時的相關做法。我相信對想要嘗試或已經正在進行常態性遠距工作模式的經營者來說，本書不僅能使你的企業從此面對任何突發危機時都能快速適應並生存下來，更能進一步成長、茁壯。

（本文作者為25sprout新芽網路股份有限公司共同創辦人暨執行長。）

【前言】工作新常態

在二〇二〇年伊始，因為一個微小的病毒，幾乎使全球各地的上班族在一夕之間都轉變成遠距工作者。隨著新冠肺炎疫情逐漸蔓延，從中國到卡達、印度到澳洲、巴西到奈及利亞，世界各地員工紛紛收拾辦公室物品，在家中設置新的辦公空間。Zoom、Microsoft Teams、Google Chat與Slack等數位工具從原本只是好用的備用軟體，變成與同事間日常互動的主要媒介。

雖然這些快速變化是前所未有的，但其實遠距工作模式並不新鮮。近三十年來，無論是美國國內或跨國公司，都安排了虛擬工作。在這些公司中，科技業是最先看出遠距工作將能帶來大好機會的產業。知名科技公司思科（Cisco）在一九九三年於矽谷啟動第一個系統化的遠距工作計畫，員工可利用寬頻技術從任何地點和總公司溝通，因此得以在家工作或保持彈性工時。思科在二〇〇三年的報告中指出，公司營運成本省下一億九千五百萬美元，員工生產力也有所提升，這至少有部分必須歸功於遠距工作的安排。另外在一九九〇年代末，當時還是新創公司的昇陽電腦（Sun Microsystems）為三五%的員工設立自願式線上工作計畫，作為其全球擴張戰略的一部分。在實施計畫後的十年間，昇陽電腦減少在加州一五%的房地產持有量（兩百六十萬平方英呎），並為了更接近在地市場而雇用於不同地點工作的分散式團隊，因此省下五億美元。

從那時開始，全球團隊合作——以及隨之而來的遠距工作模式——以驚人速度持續成長。遠距工作模式從一開始只有最尖端的科技公司採取的行動，如今變成幾乎所有產業的必要措施。在二〇〇〇年至二〇一五年間，美國跨國公司雇用的國內員工是四百三十萬人，海外員工則是六百二十萬人；也就是說，有數百萬名員工必須使用數位科技才能與位於美國的總部取得連繫，更不用說國內有數百萬名遠端員工在離公司數英哩遠的家中工作。麥肯錫全球研究院（McKinsey Global Institute）推估，全球勞動力將在二〇三〇年達到三十五億人，且遠距工作機會只會越來越多。未來，是遠距工作時代。

越來越多公司，採取遠距工作模式

不過這些趨勢或預測對遠距工作的影響，都遠遠比不上全球疫情爆發所造成的衝擊，許多公司都因為疫情而必須在短短數周內，要求幾乎全體員工轉變為遠距工作者。遠距工作革命原本就已近在眼前，而突然爆發的新冠病毒疫情更是加速革命的來到。這場巨大變化將會迫使各家公司迅速更新數位足跡，包括雲端系統、儲存方式、資安以及用來適應新型遠距工作模式的裝置與工具，而且你很有可能已經是這場巨大轉變中的一員。這些改變將會為全球各地的人與組織，帶來多不勝數的嶄新機會。

如今有許多公司已窺見遠距工作能帶來的好機會，因此未來將會有部分公司把目前的遠距工作模式，永久納入工作制度中。從事資訊科技研究和提供顧問服務的顧能公司（Gartner）在二〇二〇年四月進行的調查顯示，在三百一十七家公司中，有七四%表示計畫要在後疫情時代，採用更大規模的遠距工作模式。臉書（Facebook）採取逐步改變的策略，預計要在十年內讓一半員工轉變為在家工作。瑞典時尚品牌 CDLP 計畫要重建組織架構，把五〇%的員工調整成分布於世界各地的遠距工作者。金融機構摩根大通（JPMorgan Chase）注意到交易員在家工作時的生產力是原本的三倍，因此宣布公司將會開始考慮執行長期遠距工作；而瑞銀集團（UBS）則預計要安排多達三分之一的員工持續遠距工作。歐洲第二大汽車製造商標緻雪鐵龍集團（Groupe PSA）則宣布公司將要邁入「新敏捷時代」（new era of agility），將所有非產線員工轉為遠距工作者。網路公司 Box 則預期疫情過後將有一五%以上的全職勞動力會以遠距模式工作。虛擬貨幣交易所 Coinbase 也同樣宣布將會變成「遠距優先」的公司，預估在旅行禁令解除後將有二〇%至六〇%的員工持續遠距工作，且未來比例還會持續上升。位於美國紐約市的市調機構尼爾森研究公司（Nielsen Research），將會有三千名員工在多數的工作日在家工作。美國全國人壽保險公司（Nationwide Insurance）發現在封城期間，員工表現不僅沒有任何下降，同時又省下營運成本，因而決定把公司二十個辦公地點中的十六個點的員工，全都調整為遠距工作者。印度科技公司塔塔顧問服務公司（Tata Consultancy Services），宣布計畫在二〇二五年，將公司七五％的員工都轉為遠距工作者；其他印度跨國公司也紛紛效法，印福思公司（Infosys）和HCL科技公司（HCL Technologies）都預期公司中將會有三五％至五〇％或超過一半的員工，在後疫情時代從事遠距工作。類似的案例不勝枚舉。

由傑克．多西（Jack Dorsey）擔任執行長的推特（Twitter）與行動支付公司Square完全不打算規畫暫時的遠距工作模式，兩家公司直接讓員工選擇是否要「永久」在家工作。而Slack與Shopify等公司也紛紛響應，宣布未來將會安排多數員工長期遠距工作。房地產新創公司Culdesac則更進一步，宣布公司將會放棄舊金山的辦公室，全公司上下都執行遠距工作，希望能藉這個機會催生創新的「無家」游牧文化。未來，必定將有更多公司跟進。

正如大家現在可能已經注意到的，遠距工作無疑能帶來許多益處：省下通勤時間、大幅降低營運成本、不再需要虛報出差費、不再需要在雇用員工時要求他們搬離原生國家或城市，因此也解決了跨國移動的障礙。此外，某些地方逼近天文數字的房價或許能因此大幅下跌，而這樣的變化在經濟衰退期絕對是件好事。由於公司將會同時在偏鄉與城市尋找未開發的勞動力，所以地域性貧富差距等社會弊病，也有機會能逐漸緩和。未來，各家公司將會重新思考產假對遠距工作的影響，所以性別差距或許也有望縮小；溫室氣體的排放量也能因此下降，為環境永續發展帶來可觀的正面影響。

不管在哪辦公，都能出色又成功

然而對世界各地的上班族與領導者而言，未經培訓的遠距工作模式，並非能治百病的靈丹妙藥。事實上，各位很可能已經遭遇各種因執行線上協作所衍生的問題。你絕不是唯一一位覺得與世隔絕、無法與他人同步又不被看見的人。當從事遠距工作時，我們無法規律地和同事面對面接觸，而這種狀況延續得越久，我們就會越發強烈地對彼此間的連結、信任與對目標的一致性產生質疑。如果你的團隊認為視訊會議就像被科技綁架的話，那麼關於該如何選擇最佳數位工具進行溝通、交流的問題就會增加。你或許也會逐漸意識到，在遠距工作時，最重要的關鍵就是要用最好的方式建構任務、時間利用最佳化，並避免在家工作時分心。如果要成為一支敏捷團隊，首先必須改變原本依賴地理鄰近性（geographical proximity）的緊密協同作業流程，並轉變為適合分散式團隊的工作模式。另外對領導者來說，必須考慮的其中一個問題是如何一邊遠距監督員工進度，一邊引導員工保持工作動力與高生產力。由於「跨國團隊合作」從定義上來說，代表團隊會橫跨多個不同的地理位置與文化，所以該如何確保四散各地的遠距跨國工作者都能維持工作動力與高效合作，也成為一大問題。最重要的是，在新冠肺炎疫情爆發後，更讓人深刻地意識到世界各地是緊密相連的，所以各行各業的領導者都必須具備全球視野，也因此，如何為影響全球的事件進行準備以及快速反應，也是本書迫切想傳達的主軸。

本書將能為這些迫在眉睫的問題，提供有實證基礎的解答，此外本書也列出行動指南，教導各位如何和團隊成員一起把最重要的實務技巧吸收內化，並應用在工作上。使用本書的團隊與領導者將可獲得必要的知識與技能，藉此打破框架，堅定持久地實踐能為個人、團隊與整個組織帶來益處的行為。本書大量使用實例來解釋實際從事遠距工作中會遇到的問題，大多數團隊與領導者都必須克服這些問題，才能在組織中有所建樹與提升。本書也引用心理學、社會學與科技界等領域中首屈一指的專家所提出的研究結論，這些洞見全都對建構成功的遠距工作模式有著關鍵影響。

近二十年來，我一直就遠距工作與跨國公司的相關問題進行深入研究。我在哈佛商學院擔任教授期間，以及更早之前在史丹佛大學擔任研究生期間，曾針對數以千計的地區組織與跨國組織做研究、開課、提供諮詢、擔任顧問委員會成員並撰寫個案研究報告，我為此前往拜訪位於法國、德國、日本與美國的多家公司總部，也造訪這些公司設立在澳洲、巴西、智利、中國、法國、德國、印度、印尼、義大利、日本、韓國、墨西哥、俄羅斯、新加坡、西班牙、台灣、泰國、英國與美國的子公司。我在研究期間發現，光是為問題提供解答是不夠的。有關遠距工作的書籍與文章多不勝數，但問題依然源源不絕。就算針對這個主題提供大量資訊與答案，組織也一樣無法堅持核心宗旨或永久改變行為。人們往往會在回歸日常工作時立刻重蹈覆轍，並因此感到沮喪，於是不斷思考為什麼他們的團隊無法保持協調。

這就是為什麼本書內容涵蓋遠距團隊的成員與領導者，目的無非是希望幫助讀者能與團隊建立更深刻的連結並共同成長。我在提供顧問與諮詢服務的過程中發現，若希望一支分散式團隊能持續成功並內化特定的價值、規範與行為的話，最好的方法就是提供一套適合的常規，讓這些常規自然而然地融入團隊例行工作中。理想上來說，管理階層將會落實本書提及的重要常規，確保所有團隊成員都會為了讓遠距工作模式成功而努力。隨著你和團隊成員越來越瞭解執行遠距工作的目的，你們會逐漸加強遠距合作的能力，達成原本無法企及的目標。若你和團隊成員能一同運用本書提到的部分或所有內容，將能幫助你們培養共同的價值觀，與制訂出一套所有成員都能執行的策略。

為方便大家更有效地吸收書中所提到的觀點，我特地在每章末尾整理了含括每章重點的行動指南。就像去健身房鍛鍊身體一樣，這些複習將能幫助各位活化記憶，同時還能在過程中讓團隊更加團結。你和團隊成員將會在每一個複習活動中應用新學到的知識，如此一來這些知識才能在腦海中扎根，不會在一陣子過後便煙消雲散。複習活動的目的是幫助各位在過程中，回想、描述、分析與應用我在書中提到的實務技巧。

雖然新冠肺炎導致的劇變與跨國移民加速本書完成，但事實上我籌備這本書的時間遠早於疫情爆發。我並不是急忙地把這些累積多年的觀點與方法丟進印刷廠的。這本書絕非臨時付梓的補救方法。這些有關信任、生產力、數位工具與領導力的各種最適行為和實務技巧，是我花了好幾年的心血才逐漸發展與建構的。如果各位在一開始運用這些技巧時覺得有些艱難的話，別忘了，你與同事正在奠定必要且耐久的基礎。雖然並非所有人未來都會採用遠距工作模式，不過，虛擬辦公室、分散式工作與跨國合作將會在未來的工作安排中占據極大部分，因此我們更應從現在起思索該如何擴展技能、技巧與績效，使自己與組織都能更加進步。

第一章

如何適應遠距工作模式，並持續發揮能力？

Remote Work Revolution

詹姆斯正癱坐在居家辦公室的椅子上，聽著耳機裡客戶的說話聲。「你毀了我孩子的未來。」克里夫說，他的聲音聽起來既失望又憤怒，「我為這件事存錢好幾年了。你怎麼能讓我遇到這種事？我那麼信任你，而且你說的我都照做了。」

詹姆斯無話可說。他現在工作的公司，是美國成長最迅速的幾家住宅不動產商之一，他很清楚克里夫說得沒錯。他一直以來都很肯定自己一定能幫助克里夫和家人實現買房夢想，但直到現在他才意識到自己辜負了克里夫的信任，一股後悔與罪惡感不斷對他襲來。他唯一能給出的回應只有：「對不起，我真的很抱歉。」

克里夫是首次買房的客戶中最模範的那種，詹姆斯正是因為有克里夫這樣的客戶，才開始熱愛這份工作。但是，無論他再怎麼道歉，也無法彌補團隊所犯下的錯誤。掛掉電話後，原本就癱坐在椅子上的詹姆斯又更癱軟了，他努力試著想搞清楚到底哪裡做錯了。

他還記得第一次和克里夫對話時，也是在電話裡。克里夫說，他這輩子都在為了買房而努力賺錢與存錢，就算放棄休假也在所不惜。接下來的幾個禮拜，詹姆斯訝異地發現克里夫持續以非常嚴肅的態度，觀察價格昂貴又競爭激烈的加州房地產市場，克里夫以驚人的專注力與決心，找到最適合一家人的房子，既有足夠空間供妻子與三個孩子住，而且也位於優良學區。克里夫總是一收到申請表與證明文件，就用最快速度完成。當時詹姆斯常會想像，等到房貸通過後，克里夫一定會在接到消息時興奮得不得了！克里夫不是詹姆斯常會遇到的那種愛抱怨的客戶，就連貸款批准速度遠比詹姆斯原先承諾的還要慢時，克里夫依然保持耐心等待。詹姆斯用樂觀態度對克里夫再三保證：「你的利率不會再變了。我們會把流程跑完，一切看起來都很順利。我下個禮拜會打電話給你。」

「我已經迫不及待了。」克里夫當時告訴他，「真希望能快點拿到房子的鑰匙。」

但在這通電話掛掉後，一切都變了。詹姆斯必須和遠距團隊合作才能完成克里夫的貸款需求，而不動產又是一個波動極大的產業。隨著越來越多人急匆匆地買進所有能交易的物件，利率出現變化，導致申請貸款的人數跟著迅速飆漲。感興趣的客戶急速增加，詹姆斯和團隊都快被客戶給淹沒。不幸的是，他們在遇到這種突如其來的業務增長時，採取消極被動的應對模式。

一周過去了，兩周過去了。克里夫再次打來，想知道目前進度如何。「我們整個團隊都非常努力地在處理貸款辦理事宜。」詹姆斯說，他試圖用最有說服力的語氣，「等內部完成文件後，我會馬上傳簡訊給你。」但他沒有告訴克里夫他們目前有多忙碌，以及他已經多久沒和團隊夥伴提起要處理克里夫的貸款申請。

之後，詹姆斯接到克里夫打來的這通電話，他覺得心都碎了。克里夫說，他的薪資在毫無預警的狀況下被調降了。克里夫的公司為了避免裁員，決定強迫所有和克里夫同階級的人減薪二五％。克里夫氣得聲音都在發抖，「不需要我說你應該也很清楚，我現在沒有資格申請那筆貸款了。就算我的信用紀錄再好也沒用。上個禮拜我明明可以申請到那筆貸款的！如果不是你花了這麼久時間都還沒處理好的話，我現在早就已經拿到鑰匙了！」

適當的啟動步驟

詹姆斯想把克里夫喪失買房機會的原因，怪罪在房地產業的波動上。但他知道，事實上真正的問題，是自己的團隊沒有做好面對波動的準備，才會大幅拖慢申請貸款流程，以致最後辜負客戶的信任。要是他們能擁有一致的目標就好了；要是他們能多花一點時間開會擬定合作計畫，處理不斷增加的顧客數就好了，他們只要騰出半天時間來檢討並重新安排工作流程，就能帶來截然不同的結果；要是他們有安排重新啟動步驟就好了。

啟動步驟（launch session）對遠距工作來說非常關鍵，該步驟（以及定期重新啟動或重新評估）指的是**團隊為滿足當下需求，而安排的明確計畫**。正因為遠距協作者通常都位處不同地理位置，所以遠距工作才特別需要制訂明確計畫。就像詹姆斯和團隊一樣，許多遠距團隊都會在遇到工作上的小小波折時，因見不到面而無法順利協同作業。

各位可能會覺得重新評估有點違反直覺。在工作量超載時，截止期限緊追在後，你可能會覺得「討論」工作而不去實際「執行」工作，聽起來太過奢侈。許多人會像詹姆斯一樣，在時間不夠時立刻加快速度，連多花半秒鐘停下來反思都嫌多。但會產生這種想法的人，往往是被情勢誤導了。團隊效率先驅專家李察・哈克曼（J. Richard Hackman）根據數十年來的研究指出，日常協同工作對團隊效率造成的影響只是冰山一角——準確來說，是一〇％（我們稍後將會更深入討論哈克曼的研究）。哈克曼舉出[1]「六三一原則」（60–30–10 rule），他認為團隊能成功運作，有六〇％是靠前期準備，也就是一開始設計團隊的方式；三〇％是靠一開始的啟動步驟；只有一〇％是靠團隊在實際的日常協同工作中所做的事。

只要缺乏適當的啟動步驟，無論我們怎麼做，團隊的表現都會惡化。對任何團隊來說（無論是在同一地點的團隊、遠距工作的團隊或兩者皆有的團隊），想要拿出最佳績效，除了每位成員都能發揮所長外，正確的準備也必不可少。各位或許會覺得這個道理顯而易見，但我們卻很容易因上述理由而忽略這點。「前期準備」發生在團隊成形之前，能決定團隊未來的樣貌——團隊的功能、組成、規畫等，接著一旦團隊成形，最重要的步驟就會立刻轉變為「啟動」。哈克曼認為啟動步驟能「賦予團隊生命」[2]，我們要**在啟動步驟，確保所有成員都理解並同意用何種方式合作會最有效率。**有些團隊會跳過啟動步驟，或者想立刻開始工作而輕描淡寫地帶過，所以往往在半途迷失方向並感到猶豫不決。

團隊的啟動步驟（與定期重新啟動步驟），能幫助團隊在一路上維持良好表現。重新啟動對維持團隊凝聚力來說非常重要，不僅如此，在團隊開始轉變為遠距工作時，尤其是在因新冠肺炎而必須遠距時，重新啟動的重要性將更勝以往。領導者必須更頻繁地主動安排團隊定期進行重新啟動步驟。一般來說，團隊的啟動步驟大約會費時一小時至一個半小時，該步驟會分兩階段。每一位成員都必須在場參與開放式討論，針對「這個團隊最適合用什麼方式合作」分享意見，貢獻見解。在遠距工作時，團隊成員可用視訊會議執行啟動步驟，讓每個人盡可能地使用適切的數位科技建立連結。

我們將會在本章中，帶領各位瞭解團隊啟動步驟的相關理論與實務步驟，並詳細說明團隊合作時，每個成員都必須同意的四項基本要素[3]。

- 用簡單明瞭的方式，點出團隊所追求的共同目標。
- 確保團隊成員對每個人的角色、職能與限制都有共同理解。
- 確保團隊成員對可運用資源（從預算到資訊）有共同理解。
- 以共同的規範，詳細描述團隊成員要如何有效率地彼此合作。

請留意這四項基本要素中不斷重複出現的兩個字：**共同**。這是因為啟動步驟的基礎目標，就是**共識**[4]。

重新啟動指的是**定期評估團隊在這四大關鍵領域的表現**。我常會開玩笑說，重新啟動就像是一對伴侶的約會之夜——在這兩個情境中，你都必須重溫哪些事情是重要的，還要檢視過去、現在與未來的狀況，釐清哪些事項運作良好，哪些則需要調整。一般來說，團隊應該至少要每季重新啟動一次，藉著這個機會重溫團隊標準。

在人們開始遠距工作後，我發現每六到八周藉由重新啟動來訂定或調整方向，變得更加重要了。虛擬工作團隊與領導者能透過重新啟動流程，確認每位成員正在進行什麼工作、釐清他們該如何解決疑慮，最終將能讓所有人對團隊目標達成共識。

換句話說，重新啟動絕不是執行過一次就一勞永逸的行動。由於團隊的工作狀況通常是動態的，所以只按一次重新啟動鈕是不夠的。在團隊狀況良好時，定期重新啟動很重要；在團隊狀況變化無常時，定期重新啟動又變得更加關鍵，詹姆斯的故事也體現這點。他們的團隊或許需要更換一個新的媒介工具，藉此制訂新溝通常規。在新冠肺炎疫情爆發的頭一個月，有數百萬人改為在家工作，因此未來政府或許會設立因應工作模式轉換的新法規或法律。國家、市場或整個產業都有可能突然出現大幅轉變，而你的團隊必須為此調整目標。如果希望團隊有能力以系統性的方式迅速轉換戰略的話，唯一可靠的應對機制，非定期重新啟動莫屬。

對共同目標達成共識

很多人都認為，團隊共識代表團隊成員全都同意彼此意見，但事實並非如此。雖然我們常誤以為「不同意」是合作之敵，但「不同意」其實是任何集合體在改進構想、找出錯誤與成長的過程中，不可或缺的一部分。成功的團隊共識與失敗的團隊共識之間的最大差異，並不是團隊成員是否不同意彼此意見，而是他們**不同意的是什麼**。正如史帝夫．賈伯斯（Steve Jobs）說過的一句名言：「當每個人都想前往舊金山時，花再多時間爭執要走哪條路都沒有關係。但是當有些人想前往舊金山，而有些人則暗地裡想前往聖地牙哥時，爭執路線就是在浪費時間。」換句話說，團隊成員可以不同意彼此的方法——這本來就是團隊合作的動態步驟之一，但是在這個步驟開始之前，成員們必須對於**目標**有共同的理解。以賈伯斯的比喻來說，我們必須確保每個人都打從一開始就同意目標是抵達舊金山；或是把特定產品推廣到市場上；或者是培養一群顧客。團隊的啟動步驟是個絕佳機會，能讓我們在採取任何進一步的行動之前，先明確指出團隊目標。

為確保所有成員都對團隊要追求的目標有共識，啟動步驟必須提供對話的機會。在提出意見、問題、憂慮與回應的過程中，領導者和團隊成員會開始從自身角度理解與接受團隊目標。領導者必須確保團隊在對話時，聚焦在事件的全貌上。為了如何達到目標進行吹毛求疵的爭執，是必要的——但這個流程應該排在後面。或許你的團隊目標很簡單，例如：「為產業中的利害關係人提供價值」。無論目標為何，團隊中的所有成員都必須同意這個目標，並願意全力以赴。

貢獻與限制

令人意外的是，人們有時不太清楚自己適合擔任團隊中的哪個職位。**啟動步驟很適合讓各個成員詳細描述自己的角色定位，以及他們能如何為團隊目標做出貢獻**。其中一位成員，或許會自告奮勇地提供過去在執行類似計畫的實務經驗；另一位成員則可能會承認自己沒有經驗，但樂於學習。其他成員則可能會展現出他們特別適合學習哪些特定技能，後續可利用這些技能幫助團隊達到目標。正如運動隊伍，每個隊員必須在上場時各自扮演不同角色，領導者則可協助各成員釐清適合負責哪個面向。團隊成員不但應該理解自身角色，也必須理解其他人的角色。

領導者在明確定義每個人在團隊中的角色與職責時，也會同時引導每個成員在合作中應付出的時間與注意力，抱持正確期待。遠距團隊的成員往往會同時隸屬多個團隊[5]。這種多重團隊身分[6]——或者至少是同時從屬多個團隊的狀態，容易導致團隊成員對自己該為每個團隊貢獻多少時間，產生不同期待，甚至可能造成衝突。團隊領導者可能會認為其中一名同事會優先處理自己帶領的團隊的事，結果那位同事卻把多數注意力放在另一個團隊的事務上。事實上，團隊中常會出現沒有任何同事或主管注意到某成員在執行何種工作的狀況[7]。對於在同一地點工作的團隊而言，成員缺席與否是顯而易見的事，但在遠距工作團隊中，我們無法確實看見每個成員如何運用時間。我們可以在啟動步驟中讓所有人一起開誠布公地討論這樣的限制，如此一來，團隊才能正確預期各個成員要如何為不同目標分配時間。

雖然團隊會因無法在預期方面達成共識而導致效率降低，但反之亦然。事實上，若每位團隊成員都能坦白地分享他們的限制，以及覺得應該要如何完成工作的話，這將成為團隊的優勢。若想理解員工的多重團隊身分具有何種動態特質，我們可運用重新啟動步驟，讓團隊成員有機會討論若他們能回到過去的話，會多承擔哪些責任。若我們能理解團隊成員在遇到新需求時會如何應對，就能讓整個團隊做好準備，根據不同狀況彼此支援、管理最後期限，並重新調整工作負荷。

確認可運用的資源

團隊合作的其中一個優點是，可利用成員的特定知識與技能來幫助整個團隊完成任務。當整個團隊都在同一間辦公室工作，他們可以在面對面協作時利用彼此的資源；但當團隊成員分散各地，面對面互動的機率將大幅下降，甚至完全消失。請想像以下兩個情境：在第一個情境中，你和同事們在同一間辦公室工作好幾年了，你們會圍坐在同一張辦公桌前討論重要計畫的細節。由於你很清楚每位同事的優點與弱點，所以可輕而易舉地提出要求、建議或特定資訊給他們。現在，請想像另一個情境，你依然在和團隊成員討論計畫，不過你和這些同事不在同一間辦公室工作，你們是遠距工作團隊。這些日子以來，你只有在線上視訊會議或線上聊天室，才會和其他人有往來。如果你曾和他人一起遠距工作過的話，就會知道要建立足以分享資訊與共同決策的互信關係，是件多麼困難的事。

在資源的層面上，**啟動步驟能協助團隊釐清有哪些資源能幫助團隊達到目標**，包括資訊、預算、科技、內部與外部網路等。雖然並不需把所有資源列成一份清單，但可趁執行啟動步驟期間，針對團隊現有資源、需要的資源與如何獲得資源達成共識。在遠距工作時，尤其需要確保團隊中每個成員都有適當的科技支援，幫助他們完成工作。我們不該預先假設每個人都有合適的網路資源，有些人或許需要升級設備或附屬裝置。此外，請務必確保所有員工都有足夠的財務支援，以購買居家辦公室所需設備。

團隊可藉重新啟動步驟，來重新評估可用資源。舉例來說，新冠肺炎可能會影響到團隊與其他組織的合作關係和團隊預算。團隊成員和領導者必須確保所有成員都清楚知道，在他們不斷前進的同時，還有哪些工具是可以應用的。

一起確立交流常規

請假設以下情境：一支六人遠距團隊，興奮地在手機中下載最新聊天應用程式。雖然他們的工作地點分散在五個國家，但如今他們可以使用比電子郵件還要再非正式一些的管道以隨時溝通。有一天，四位住在同一時區的成員在該應用程式中臨時起意，討論之後可用什麼方式修復某個軟體中的一些問題。接著，他們的話題跳到整個團隊將要在隔天開會討論的主題。由於這是一場非正式的臨時談話，所以四位成員都直言不諱地提出構想，針對下一場會議預定要討論的主題，取得重大進展。

你可能會覺得這四位成員不但為會議奠定一個好的開始，還為團隊「加分」，但事實卻正好相反，這場臨時對談，並沒有為團隊的凝聚力帶來益處。在隔天的會議中，另外兩位成員立刻注意到他們顯然錯過一些事。他們注意到另外四人會引用一些他們不理解的對話，且當他們提出問題時，這四人卻因為早先已經討論得太深入而沒有回答。「我們為什麼會被屏除在外？」他們在心中暗忖。其中一人不想提起這件事，是因為擔心這麼做會顯得小家子氣。另一人則因最近才抱怨過會議時間，不想被其他人認為自己是愛抱怨的人。就算他們不斷告訴自己，這種被排除在外的狀況很可能是不經意的，但還是對另外四位成員產生一絲不滿；此外，他們心中產生一股揮之不去的憂慮，擔心自己未來可能會再次被排除在外。這兩人的不滿逐漸加劇，接著整個團隊開始分裂。我曾親眼見過一模一樣的狀況與許多類似情景，最糟糕的結果是整個團隊的凝聚力都被破壞殆盡。

這個團隊需要的是啟動步驟（或重新啟動），他們可在這個步驟中討論未來使用新的聊天工具時，應該要遵守哪些常規。他們可在討論過程中瞭解並意識到，如果想要保持團隊凝聚力的話，一定要讓每個人都覺得自己參與團隊的進展。舉例來說，他們可以事先決定，如果有少數幾個成員在臨時的討論中談起重要主題的話，就必須暫時停止話題，直到他們通知每位成員後再繼續。最重要的並不是團隊選擇哪種溝通方法，而是在採用新溝通方法之前，針對該方法設立常規。

一支運作良好的遠距團隊，會遵守一起設立的團隊常規。常規並不是規範。常規代表的是一套能引導團隊互動、決策與解決問題的原則。每支團隊都必須一起制訂常規。團隊成員可在啟動步驟中，瞭解哪些議題對大家來說是最重要的。舉例來說，如果團隊中的多數人都重視準時，那麼你們就可在啟動步驟中，針對「準時參加會議」這點設立特定常規。這麼做能創造出整個團隊都該遵守的標準化期待。對於團隊中那些比較不在意準時的成員來說，設立這些常規能讓他們更有動力去尊重多數成員的想法。

遠距團隊的夥伴不像在同一個辦公空間一起工作的同事，沒辦法每天都和彼此進行非正式互動，例如在走廊擦肩而過或在咖啡機旁聊天。在填補這種差距時，我們需要使用常規來定義遠距溝通模式。有效率的溝通常規，有三個基礎功能：

- 無論成員的職位為何、人在哪裡，都必須為他們規畫可彼此互動與連結的計畫。
- 培養心理安全感或團隊層級的安心感，讓成員能安心地提出異見或承認自己的錯誤。
- 協助每一位遠距團隊成員建立連結，避免任何人有孤立感。

規畫持續且通暢的溝通方式

最有效率的團隊，在溝通時通常都會遵守一個看似簡單的常規：開會時，每個人發言與傾聽的權利都是均等的，而不只是團隊領導者一人唱獨角戲。在會議過後，團隊成員可以繼續透過非正式對話和其他成員討論相關話題[8]，或尋找對於下一次討論有幫助的資訊。以遠距團隊為例，在你和整個團隊開完視訊會議後，可以用社群媒體發一條訊息給某個成員：「嗨，你對這個計畫的觀點真的很棒，我因此發展出幾個新構想……」這種一對一的對話，或許能為下一次的正式團隊會議，帶來一場腦力激盪。

團隊可以藉由啟動與重新啟動的機會，決定最適合用哪些方式舉辦會議、用哪些方式在工作過程中保持連繫。舉例來說，在我曾研究過的一個遠距團隊中，最適合在線上對另一個成員傳達複雜想法的方式，是在討論構想時，利用數位軟體畫圖或記錄（就像在同地點工作時，使用白板一樣）。這個團隊認為，在認同與理解彼此的過程中，「視覺」是最有效率也最務實的方法。正如其中一位成員所說的：「對我們來說，所見即所得。」

團隊也需要事先決定好，要用什麼方法瞭解彼此工作進度。如果完成某項工作的時間會比排定時間還晚，你必須在什麼時間點把這件事告知所有成員？詹姆斯的團隊正是因無法協調誰該在什麼時候做什麼事，所以才會出問題。當詹姆斯不知道某位特定顧客的進度時，他有很長一段時間都沒有追問。如果詹姆斯能在團隊突然變忙的時候，繼續跟進克里夫的案子進度的話，那麼無論是他或克里夫一家人，都能免於心力交瘁。

團隊成員也必須依照溝通常規，決定他們可以在何時尋求幫助與追蹤進度（如果有需要追蹤的話）。對在家工作的遠距團隊成員來說，工作與家庭的界線很容易變得模糊。若我們能使用常規，盡可能清楚區分工作與家庭——無論是把通訊限制在平常的工作時間，或在參加線上會議時保持準時與出席的習慣——我們就能在成員覺得工作與家庭糾纏在一起時，減輕他們的困惑、疲憊與沮喪。

為成員培養衝突與犯錯的心理安全感

同一地點工作的團隊，比分散式團隊更常因工作而發生爭吵[9]。乍看之下，這似乎是遠距團隊無需擔心的事。但任何有在遠距團隊工作過的人都會告訴你，在視訊中出現的微笑與點頭，並不代表這些成員真心同意彼此意見。就算沒有發生衝突，團隊中還是會出現緊張氣氛，而且比起放任這種氣氛在螢幕後不斷堆疊，直接開誠布公地仔細討論反而還比較好。因工作而產生衝突往往是件好事（我將會在第七章詳細討論該如何應對），不過就目前而言，最重要的一件事是我們要知道，當有人提出不同意見、甚至是反對意見時，反而更容易激盪出較創新與較成熟的構想。

當團隊成員獲得心理安全感後，才能在冒險提出不同意見或承認錯誤時，無需擔心報復或羞辱，這是組成一支高效團隊的關鍵要素之一。我的同事艾美・艾德蒙森（Amy Edmondson）是研究團隊工作效率的先驅者，她對此進行廣泛調查，發現如果團隊成員缺乏心理安全感的話，將會不敢對同事——尤其是上級主管——提出異議或疑慮，因而導致團隊無法順利運作[10]。為解決這種恐懼，領導者與團隊必須積極培養一股正向的風氣，讓每位成員能放心地發言與提出質疑。唯有把問題攤在陽光下，大家才能一起討論未來該如何避免類似問題再次出現。如此一來，才能培育出持續學習、全心投入，又不斷進步的團隊。

遠距溝通常規，應該要為團隊的心理安全感打下完整基礎。舉例來說，團隊可在啟動步驟建立規範，禁止任何攻擊性言語；或針對團隊成員無法就特定主題達成共識的狀況，詳細擬定標準化流程。領導者可率先承認錯誤，並明確要求成員們提供想法與意見，藉此為心理安全感打下基礎。

確保沒有任何成員覺得孤立

對許多人來說，無論遠距團隊在包容力與心理安全感這兩方面做得多好，遠距工作這件事本身，依然會使他們感到孤獨。雖然眾多研究紛紛提出大量證據，指出遠距工作具有許多益處：員工分布的地理位置更廣泛，讓團隊能接觸到更多不同市場、團隊成員對辦公室布置方式具有更高自主性等，但這些研究也清楚指出，遠距工作者的**職業孤立感**[11]（professional isolation），**會導致工作績效低落，並提高員工流動率**。不過，隨著多樣有助面對面互動的通訊科技陸續出現（如視訊會議與網路語音軟體），將能降低職業孤立感對工作績效的負面影響。光是知道「我能迅速獲得同事幫助」這點，就能有效減輕孤獨感受。

團隊可在啟動步驟主動設立適當常規，允許成員們在遠距工作時，也能和其他人保持連絡。在設立團隊常規時，必須直接指出要如何解決成員因實際距離而產生的孤立感。舉例來說，團隊可擬訂計畫，安排經常或定期的面對面互動，以改變單獨工作的現象。在彼此無法實際見面時，可以把科技當做寶貴替代品，畢竟實際見面並不是治療孤立感的必須要素——別忘了，就算一群人整天坐在同一間辦公室中，也可能會有人因和其他同事完全不說話也不對視而感到孤單。領導者可協助團隊理解，只要整個團隊一起合作，就能克服孤立感——這對團隊成員在心理上的連結有很大幫助。

領導者需適時感謝同仁的付出

領導者也可藉啟動步驟的機會，強化團隊的向心力。Workhuman 是一間開發人資管理與績效軟體的公司，客戶包括全球規模最大的數個組織，公司顧問團隊的領導者是珍妮佛·雷莫特（Jennifer Reimert），她曾說過，她做的是「謝謝你」的生意。在進入 Workhuman 工作之前，她曾花了二十年時間在一家科技公司專門處理員工的薪水、獎勵與紅利等相關事務，她注意到只要主管簡單地表達自己理解並感謝員工的付出（也許只是同儕間的表達謝意），就能大幅增進員工對工作的投入程度。在遠距工作中，主管特別容易忽略員工所帶來的正面貢獻，但同儕總是能注意到這點。如果成員們能注意到彼此的正面貢獻，就能創造出「道謝文化」，並加強這樣的價值觀。

雷莫特在剛開始工作時，就以遠距工作者的身分學到這些知識。她剛進入這家科技公司時，公司距離她的新家有三千英哩遠——她的丈夫準備攻讀位於東岸的工商管理碩士學程，所以他們才剛搬家。在針對領導能力做了一番討論後，公司意識到雷莫特住在東部標準時區，對團隊來說是再完美不過，因為這個團隊包括來自加州、奧勒岡州、英國與亞洲的夥伴。她在二十年後進入 Workhuman 工作時，已為遠距團隊研發出一套啟動與重新啟動的準則。這套準則的核心信念是，**一個強健的團隊，需要領導者在團隊的每個生命周期，肯定成員們的貢獻並發自內心地給予關懷。**

雷莫特會在團隊每次執行啟動步驟期間，以一對一電話連絡方式，和遠距團隊成員建立連結。她常在對話過程中在家中房間來回走動，或趁天氣晴朗時到屋外人行道散步。她發現四處走動能讓她把注意力集中在電話另一頭的人身上。她身為領導者的目標是傾聽他人、感同身受並做出相對應的回應，這也同樣是她人生的目標。在對話一開始時，她會先和成員分享一些與自己相關的資訊，讓對方放鬆，並感到親近。隨著對話逐漸熱絡，她會詢問對方對於團隊啟動步驟的真實回饋——他們對啟動步驟是覺得樂觀還是感到憂慮。她會詢問每個人的興趣、他們覺得自己的優點為何、想要改進哪些地方以及想在團隊工作中獲得什麼經驗。在對話最後，珍妮佛和這位成員都會更加瞭解該成員目前的興趣、技能與目標，可和整個團隊目標有何連結。雷莫特發現，在無法實際見面的工作團隊中，這種人際接觸，對創造團隊共識來說非常關鍵。

雷莫特的團隊成員在遠距工作的過程中逐漸瞭解彼此，與此同時，雷莫特則主動指出每一位成員對團隊的貢獻。這些表達謝意的小小舉動，對建立團隊凝聚力有很大幫助。她也隨時保持在虛擬世界中的溝通管道暢通，任何成員都可在有疑慮時與她連絡。雖然她盡了最大努力提供支持並做到同理，但她也時時提醒自己在這幾年來學到的一個重要教訓：不可能讓所有人從頭到尾都很滿意。換句話說，別擔心自己能否讓每個人隨時都百分百滿意，因為那是不可能的事。

雷莫特的領導方法，展現了帶領遠距團隊所需的關鍵領導能力：**以身作則**。她和成員一對一的對話是很好的典範，這種溝通模式有助建立心理安全感與團隊的包容文化，團隊成員也會因此覺得他們應該用和善態度回應。她應用這種方式，在一開始就展現出承認弱點的勇氣，這樣的做法不但不會削弱她的領導力，反而會使她在團隊中的領導者角色顯得更加舉足輕重。

當團隊在目標、角色、資源與常規這四個領域中達成一致的意見時，所有人就會更有動力，為達成團隊目標而全心投入。

行動指南：啟動與重新啟動

- **設定羅盤。**團隊可藉著啟動與重新啟動步驟的機會，設立清楚明確的目標。當每個人知道他們都在追求相同目標時，將會合作得更順利。
- **討論如何合作。**設立常規來引導溝通模式，創造出彼此包容、具有心理安全感又能互相連結的團隊。
- **釐清現實，分配角色。**請有意識地討論每位成員對團隊目標的貢獻、他們的內在限制與外在限制，以及他們還有哪些地方可以改進。
- **找到需要的資源。**請與你的團隊成員討論在達成目標時，需要哪些資訊、預算、科技與協作。如果目前無法獲得這些資源的話，請討論要如何找到這些資源。
- **適時表揚貢獻並給予關懷。**在領導團隊進行啟動步驟時，請向成員們展現你的感謝之情，請全心全意地傾聽他們的想法與憂慮，並運用所有可動用的資源做出回應。重新啟動是適合加強向心力的時機，在狀況不穩定時尤其重要。

第二章

我如何相信同事，假如我們根本見不到面？

Remote Work Revolution

塔拉緊盯電腦螢幕。她覺得坐立不安。她花了整整兩天，試著找出為何無法順利更新軟體，但最後卻不得不承認她根本不知該從何下手。在她所屬的小團隊中，沒有任何工程師能找到解決方法，這也代表她必須向公司裡的其他人尋求幫助。她服務的公司是一家市值數十億美元的科技公司，共有一萬七千名員工，來自三十個不同國家。她應該找誰幫忙呢？就算她能搞清楚該找誰幫忙，但向陌生人求助，依然是非常可怕的想法。如果對方因為她沒辦法解決這個問題而認為她能力不足的話，該怎麼辦？她在公司裡算是相對新的員工，所以希望其他人能對她有個好印象。她心中充滿無數問號。

接著，她像是醍醐灌頂般突然頓悟。她回想起前幾個禮拜，公司曾寄一封電子郵件給全體員工，宣布說要啟用內部的社群媒體平台。公司在電子郵件中指出，架設這個平台的目的，是鼓勵在不同地點工作的員工彼此分享各種知識。註冊連結上寫著一行標語：「就像工作用的臉書一樣。」塔拉的臉書只和辦公室以外的社交生活有關，一想到要打破臉書與工作之間的界線，就讓她有些猶豫。但，這是她唯一能找到的解決方法了。所以，她點開那封電子郵件，花了數分鐘註冊。

她輕鬆順暢地進入平台介面，立刻就看到其他員工的寵物照片和有關爬山的討論。塔拉發現，真的有員工在這個平台上互動。接著，其中一篇有關游泳的貼文勾起她的興趣。塔拉非常熱愛游泳，能在這個平台上遇到另一個也同樣熱愛游泳的軟體開發部門同事，令她感到有些雀躍。這位同事名叫瑪莉沙，她的檔案照片是一名棕髮及肩的女子，看起來大約三十多歲。塔拉找到瑪莉沙的一則貼文。有位新進工程師（和塔拉進公司的時間相當）提出一個有關程式設計的問題，希望瑪莉沙能提供建議，而瑪莉沙立刻熱心回覆清楚的指導。塔拉鬆了一口氣，雖然她從沒見過瑪莉沙，但她覺得自己有足夠信心可請對方提供幫助，不用擔心被拒絕或感到不安。於是，她向瑪莉沙請求協助。

簡單來說，塔拉決定相信瑪莉沙。社會科學家把「信任」，定義為：我們對他人的語言、行動與決定抱持多大信心，以及有多高意願為此採取行動[1]。換句話說，如果他人說的話、做的事與下的決定能讓我們覺得有信心的話，我們就是信任那些人。

信任並非平均分布

當所有人都在同一幢辦公大樓工作時，就算工作位置距離不近，但同事間依然能輕而易舉地建立信任感，就像去座位附近的茶水間泡咖啡般輕而易舉。你可以自然而然地和不同部門或不同團隊的同事攀談。我們可蒐集到對方的個性與專業等資訊，知道他們是什麼樣的人、如何表現自己的性格等，因此比較容易信任對方，對方也比較容易信任我們。這就是建立信任的流程，如此建立起來的信任，就是我們一般觀念中的傳統信任類型：**預設型信任**（default trust）。

但是，遠距工作的同事鮮少見面，甚至有可能完全不見面，如此一來，我們要如何分辨對方是否值得信賴？我們在遠距工作時，該如何關心同事的生活[2]，並在和對方互動時累積一定程度的安心感？同地點工作的同事通常能藉由長時間又可信賴的重複互動與共同經驗建立信任，但這對遠距團隊來說卻很難達到。一般來說，遠距團隊的面對面互動與社交訊號會相對較少。若團隊已藉由長期、同一地點工作建立連結，卻必須改為長時間遠距工作的話，會發生什麼變化？這正是新冠肺炎迫使我們面對的問題之一，如今我們在居家辦公室工作的時間越來越長——人們原本靠著日復一日、自然發生的非正式互動建立信任感，但如今這種互動消失了。如果不能在面對面的會議中解讀對方的手勢、肢體語言和臉部表情的話，要如何信任對方呢？當你和對方相隔千山萬水，要如何建立信任？當我們全都依賴數位通訊工具來工作時，要如何「得知」同事是否信任自己？我們又要如何和新的團隊成員建立關係？

更重要的是，信任是非常脆弱的。在多數工作場所中，人們很容易因同事不盡責、隱瞞資訊或對方來自不同團體而不再信任對方。當員工認為主管有「偏心」行為，或裁員的決定顯得突如其來又毫無必要時，主管很可能會失去員工信任；屢次無法達到最佳表現的員工，也可能會失去上屬或同事信任。且最大的問題在於，信任感一旦破裂之後就難以修補。

雖然大家可能會認為信任感是一種二元性的、全然相同的感受，但研究職場信任的社會科學家指出，信任感其實是一種非常細微而複雜的情緒。你可以把信任想像成調色盤，你會在不同情境下，採用不同色彩的信任類型。

社會科學家把塔拉對瑪莉沙的信任類型，稱為**尚可的信任**[3]（passable trust），這對遠距團隊來說是一種必要的信任。「尚可的信任」，指的是**和他人溝通與合作時，所需的最低門檻信任**。我們可用另一種角度，來理解尚可的信任：**對他人的話語和行為，抱持足夠信心**。人們採取尚可的信任其中一個方法，是觀察對方在你我身邊或在網路上的表現。在塔拉的案例中，她是因為看到另一位員工在社群媒體平台上與瑪莉沙的互動，所以對瑪莉沙產生這種信任。

除了如塔拉在公司的社群媒體平台上「認識」同事後，採取「尚可的信任」外，社會科學家指出，還有另一種信任類型是**快速信任**[4]（swift trust）。社會科學家在空軍團隊和執法團隊中，初次發現「快速信任」，這些團隊成員因危急狀況而聚集在一起，要在有限時間內彼此合作，因此，他們必須「快速地」建立起非常高的信任感，才能完成特定計畫或工作。當快速信任成為常規時，團隊成員會決定立刻信任彼此，直到有證據顯示對方不值得相信時才會導致信任感破裂。[5]在我任職的大學中，一位新任院長成立一個調查顧問委員會，召集各學院的教職員工擔任成員，我也是成員之一，必須和委員會主席與監管者共事。這個委員會中的多數人彼此算不上熟識，但大家必須處理一件十分棘手的事件。所有人必須立刻決定相信彼此不會向外洩漏討論內容。我們別無選擇。

各位將會在本章深入瞭解這兩種信任類型，學會分辨這兩種信任類型與「預設型信任」的差異、為什麼這兩種信任類型對遠距工作如此重要，以及你和同事能應用哪些機制來鼓勵團隊。各位將會看到金融服務公司如何和客戶發展出高接觸型信任。由於信任是一種需要花時間建立的感受，而且信任並非永久不變，而是動態的，所以我提出一種理解信任的方式：**信任曲線**（trusting curve），若各位能用這種方式理解遠距團隊的信任發展模式的話，將會獲得很大益處。

信任曲線

你一定常聽到「學習曲線」這個詞。學習曲線一開始是一種計算方法，能算出要花多少時間或成本，才能使某個表現進步（例如員工在流水作業線中的表現），如今我們常用學習曲線來評斷一個人要花多少時間，才能更熟悉某個技巧或工作。

每個人在相同學習曲線中移動的速度不盡相同，舉例來說，一位天賦異稟的運動員在學習新的運動項目時，其學習曲線中的移動速度會比缺乏運動基礎的人還快很多。不同工作也需要不同時間，舉例來說，學習寫程式所需的時間，可能會比學習製作簡報還長。人們常會在描述學習曲線時，使用「高」與「低」或「平緩」與「陡峭」等詞彙。對遠距團隊來說，最重要的一件事是理解我們要花時間才能完成學習曲線。當我們把學習曲線繪製成X軸與Y軸的圖表時，水平軸線代表「時間」。

同樣道理，我們可以把「信任曲線」的概念繪製成圖表，信任也是需要花時間建立的。換句話說，該圖表的水平軸線也一樣是「時間」，不過垂直軸線代表的則是「信任」。在較傳統的觀念裡——尤其是在常見的面對面互動中，信任會隨時間過去逐漸累積：隨時間推進，成員間的信任感慢慢增加。但並不是每支遠距團隊都有餘裕或有需要透過這些方法慢慢發展信任關係，就算團隊偶爾會面對面互動也一樣。這就是為什麼遠距團隊提出的問題不該是：我信任同事嗎？最適當的問題應該是：**我需要多信任他們**？接下來，我們會逐一討論適合線上工作的各種信任型態，也會解釋這些信任型態具有何種信任曲線。

信任腦，信任心

信任就像膠水，能促使團隊成員建立默契，順利合作與配合，但信任是強迫不來的。信任感，是每個人都必須靠自己才能達到的感受。信任同事，代表我們願意相信他們會在工作上盡力，或能為我們保密任何事，也願意向他們展現脆弱之處。在團隊中，信任也包括預期對方的行動都是為了整個團隊好。[6]

在思考要從繽紛的信任調色盤上，挑選哪些信任類型應用在團隊合作上時，我們可藉助這兩個詞的幫助：**認知信任**（cognitive trust）與**情感信任**（emotional trust）。

「認知信任」的基礎是你相信同事是可靠的、值得託付的。以認知信任為基礎的團隊，會使用他們的**頭腦**來考慮同事是否具備資格能完成目前的工作，這種信任通常會隨時間推進逐漸成形，接著我們和同事間的無數次互動將會加強（或破壞）這種信任。舉例來說，當你注意到一位同事在前一個專案有十分卓越的表現，或者他是從你敬重的學校畢業時，你就會開始對這位同事產生認知信任。接著你們合作執行一項計畫，你會依據同事在這段期間的表現能否驗證先前對他的信任，來決定要增加或減少對他的認知信任。

相對地，「情感信任」的基礎是你對同事的照顧與關心之情。[7] 基於情感信任而建立的同事關係，依靠的是正向情緒與情感連結，這些情緒與連結最容易在團隊成員的價值觀與思考模式相近時出現。舉例來說，當你有意請一位同事或一整個團隊發起為某位同事慶生時，這些行為就是受到情感信任的推動而產生。以情感信任為基礎建立起來的關係比較類似友誼，換句話說，這種關係牽涉到你的**心**。雖然這種信任不見得需要花更多時間，卻是對遠距團隊來說，較難產生的一種信任。

「尚可的信任」通常比較依賴「認知信任」；**「快速信任」則往往會同時依賴「情感信任」與「認知信任」**。對多數遠距團隊來說，尚可的信任是必要的，但往往也是不足的。尚可的信任對團隊之外的溝通與跨組織溝通而言非常實用，人們也時常採用，這種信任可說是保持組織持續運作的燃油，但由於尚可的信任無法使成員間變得更緊密或付出更多感情，所以並非使團隊（尤其是遠距團隊）真正相處融洽的要素。下頁圖一為**認知信任曲線**[8]，第六十一頁圖二為**情感信任曲線**。

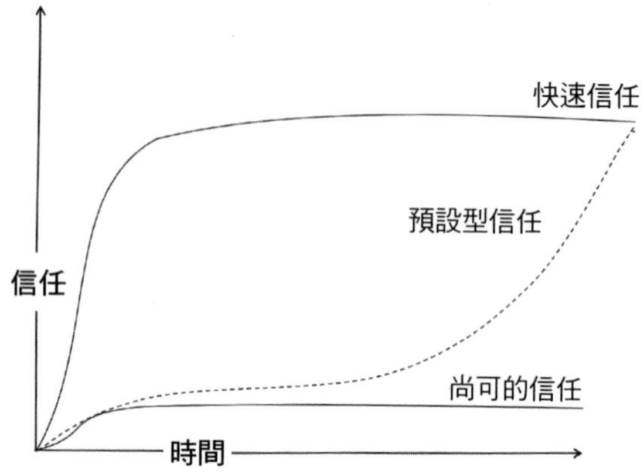

圖一：三種認知信任曲線

我們可從這兩張信任曲線圖表中觀察到，人們往往能以較快速度，對遠距工作的同事產生較高認知信任，但若想產生較高的情感信任則需花較長時間。因此，一般來說遠距工作的同事間情感信任相對較低，認知信任則相對較高。請留意，雖然我們要花較多時間才能發展出情感信任，但情感信任發展到後來可以和認知信任結合在一起。這兩種信任並不互斥，也沒有哪種信任比另一種更好。最重要的是，在規畫或領導遠距團隊時，要理解成員間建立了哪種信任類型，以及在信任加深時，可用哪些方法加強團隊合作與生產力。務必思考

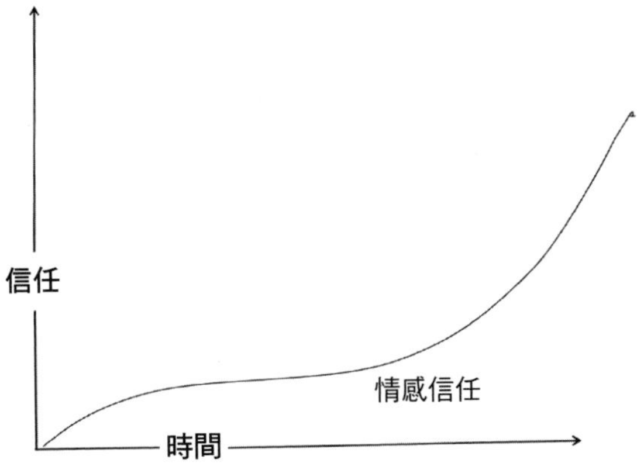

圖二：情感信任曲線

看看，你要如何引導團隊產生正確的信任？哪種信任類型對你來說比較重要？

接下來，我們會更進一步檢視這些信任的門檻是如何運作的，以及你能如何跨越這些門檻。若能理解你與成員現在位於信任曲線的哪個位置並認識信任的不同面向，就能在管理與領導團隊時，把信任這個感受納入考量。

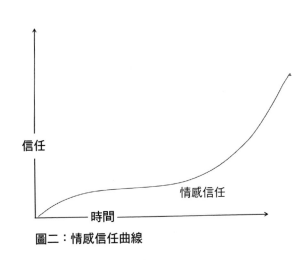

認知的尚可信任

塔拉向瑪莉沙求助時，她對瑪莉沙的信任已經發展到尚可程度，足夠讓她獲得需要的協助。她在為了工作求助前，並不需對瑪莉沙產生情感信任，只要有尚可的信任就足夠，無需更深入或強度更高的感受。六周後，塔拉或許會再次詢問瑪莉沙另一個問題，這時她們之間的尚可信任依然會是足夠且無需改變的。

遠距團隊大多都是透過數位科技溝通，他們無法靠著每天在同一地點工作增加信任程度，因此對遠距團隊來說，尚可的信任是特別有用、頻繁且常見的。

認知的快速信任

傑洛姆認為，他很清楚身為團隊中的一員該做什麼事。他過去曾擔任過護理師，在急診科與醫師合作拯救病人性命。對他們來說，任何工作的期限都攸關病患生死，團隊的成功關鍵要素之一就是信任。但是，當他在中年轉換跑道，進入一家跨國醫療器材公司擔任不同職位時，他發現自己原先對信任與團隊的觀念受到考驗。

他與另外四名同事必須合作為一個新產品做出行銷簡報。不過，這四名同事身處不同國家，所以他們只能在線上合作。團隊成員全都沒有一起工作過。傑洛姆在醫院工作時，每天都和同事面對面合作，無時無刻不在協力檢傷分類與治療病患。他要如何在工作上依賴一些離他數千英哩遠的陌生人？更不用說還只能透過螢幕見面。

傑洛姆加入團隊時，第一次截止期限已經過了。他發現成員們一開始都在閒談有關興趣與假日計畫的話題，沒人在討論團隊中該由誰擔任什麼角色，或該設立哪些團隊規定，因此傑洛姆覺得他們應該沒有認真看待這份工作。但隨著他慢慢放下成見並加入對話後，發現這些團隊成員的工作態度友好、充滿新意又非常盡責。住在智利的恩利克籌畫了時程表；來自阿根廷的瑪麗亞與來自法國的席薇腦力激盪出大量構想；住在美國的特魯德則為團隊的提議草擬一份摘要清單。他們一致同意，要採用最創新的那個構想。

因此，當特魯德驚慌失措地傳訊息說：「緊急狀況！構想被拒絕了！」並解釋主管的反對意見時，團隊雖感到心灰意冷，但還是花了一整天時間來回討論。傑洛姆很熟悉時間壓力，他決定要抓住這個機會，幫助團隊度過這次危機。他提出強而有力的理由，試著說服大家採用清單上的另一個構想。所有人都同意了。

整個團隊在截止期限前的整整四天，都在使用線上工具持續溝通。每當有人下線，他們就會把工作傳給下一個人接續下去，讓進度能不間斷地繼續推進。在擬出多個草稿後，他們終於即時完成簡報。這一次的合作結束後，他們感謝彼此在工作上做出很棒的貢獻，並交換私人連絡方式。雖然傑洛姆知道他們之後可能不會密切連絡了，但還是因為這次的經驗，深深感到一種共享的成就感[9]。

研究指出，目前的線上團隊合作中最常見的信任類型就是快速信任，只要有足夠充分的證據能證明其他人的能力，團隊成員就會願意相信彼此，這些證據可能是工作案例、學歷或某個人在線上公共空間的溝通方式。雖然相較於同事間慢慢認識彼此後累積起來的預設型信任，快速信任顯得較不完整，但已足夠讓團隊一起完成工作。

遠距工作者必須在組成團隊後立刻開始協調與合作，但對於已經習慣慢慢建立關係的人來說，要立刻協調與合作是件很困難的事[10]；不過對於較傾向個人主義與任務導向的人來說，則是較容易的事，因此快速信任對遠距工作者來說非常重要。

在以功能為取向的團隊中，成員們往往會建立快速信任。[11]一般來說，快速信任會在團隊開始合作時立刻出現，接著在與成員一起工作與互動時會逐漸累積各種證據，隨著時間推進慢慢回填信任程度，使信任變得更持久。換句話說，快速信任會馬上達到極高程度，接著再靠著回填，以維持高度信任——但別忘了，一旦信任感破裂，快速信任就會立刻崩解。

加強信任的知識

遠距團隊在建立信任時，有許多條件其實和同一地點工作的團隊一樣。領導者必須設立清楚的上層目標，並確保成員都能理解並遵循。透明度（自由分享資訊）[12]也是很重要的條件之一，其他同樣重要的條件還包括：有效溝通、明確定義的任務、可信賴度與標準化的內部流程。在遠距團隊中，我們在考慮這些條件的同時，還必須注意到成員因地理差異與生活環境的不同，將使「建立信任」這件事變得更加複雜。舉例來說，在剛組成跨地區的分散式團隊時[13]，由於團隊成員一點也不瞭解彼此，而且也不覺得自己屬於團隊，所以很可能會在這時套用刻板印象，導致團隊分裂成數個子群體（我將會在第七章進一步介紹子群體）。若想打破這種趨勢，有兩種額外的機制，特別適合遠距團隊加強信任：**直接知識**（direct knowledge）與**反思知識**（reflected knowledge）。

關於團隊成員的直接知識

當你努力設法在線上互動過程中信任成員並建立連結時，若你能知道那些距離遙遠的同事平常如何待人處事、性格如何等直接知識的話，就能更有效率地建立信任與連結。如果遠距團隊的工作內容包含定期會面，便可藉這個機會主動瞭解其他人的生活，而不是立刻切入預定的工作主題。舉例來說，你可以出差前往多個團隊成員工作的地點，停留一段時間，瞭解各成員在面對壓力時如何調適，以及哪位成員較願意一邊工作一邊吃午餐，上述這兩者都是直接知識的例子。如果你的工作計畫中不包含出差或縮短物理距離的話，也可花些時間詢問成員的生活與工作狀況，藉此獲得直接知識，如：「你的居家辦公室布置得怎麼樣了？」或「你通常會在午餐休息時間做什麼？」線上團隊成員越瞭解彼此，就越容易信任對方扮演的角色。

我們可參考班的經歷。班花了兩周時間，和兩位同事余以及志明並肩工作。班藉這段時間觀察這兩位同事的個性。余遇到壓力時很冷靜，會在腦力激盪時尋求關鍵人物的意見，每天都和同一群人到二樓餐廳吃午餐，常有人在那裡一邊吃飯一邊工作。班注意到志明和余的分工，也注意到他們會在何時邀請班加入他們。班獲得有關余和志明的直接知識，瞭解他們的態度、行為與動機，因此他更有可能會在未來配合他們的言行而採取行動——於是，這支多數時間都在遠距工作的團隊，逐漸培養出信任感。

透過反思知識，培養同理心

雖然反思知識往往較不顯眼，但對於正在建立信任的線上團隊來說，一樣至關重要。反思知識，指的是藉由離你較遠的同事，來看見你自己的反應模式與行為。**也就是說理解他人如何看待我們，並對於我們給予他人的感受，培養出同理心**，這種觀點就是反思知識。越是覺得合作夥伴理解我們，我們就越容易信任對方。我以印度工程師，與德國工程師為例。印度工程師抱怨在德國工作的團隊成員很懶惰，總是要過很久才回覆電子郵件，實際工作時間似乎比印度團隊還少了幾個小時。但德國工程師也同樣抱怨印度工程師總是在喝茶休息，說他們一點都不努力工作，非常懶散。

事實上，德國工程師習慣按照順序工作，他們會不頻繁但仔細地定期回覆電子郵件，而且認為印度工程師也應遵循同一套習慣。而印度工程師確實常去茶水間，不過往往是兩人一起過去的，目的是指導、分享知識與解決問題。如果這兩組工程師能理解對方習慣用哪種方式完成工作的話，抱怨就會減少，也會較願意信任對方的能力與對工作的投入程度。

反思知識，能讓這兩個子團隊理解本身的認知有何不實之處。在這個案例中，這兩組工程師可透過反思知識發現，他們會感到挫折與不信任，並不是因為對方很懶惰，而是因為對方採用不同的工作方法。反思知識，也能讓各群體更加理解自身的認知並做出相應調整。如果德國工程師能用印度工程師的視角觀察工作，就可對自身相對單打獨鬥又高度規畫的工作模式有所反思，並會理解印度辦公室中高度協作的特性。同樣地，印度工程師也能透過德國工程師的視角獲得反思知識，重新思考他們的組織相對隨意的工作模式，並理解德國辦公室結構化又有計畫的特性。當我們理解自己身處之地的常規後，就能對常規不同的成員產生更進一步的同理心、親近感與信任。[14]

在遠距工作時，我們可用更深入、更敏銳的方式，注意團隊成員的工作方法，藉此產生反思知識：他們如何透過電子郵件或影像溝通、他們何時登入與登出共享線上空間、他們是否常在工作以外的時間回覆訊息等。或許其中一位成員會在晚上九點熱情回覆電子郵件；另一位則會在隔天以明顯充滿壓力的語氣，回覆你在前一天晚上發給他的訊息。當發現團隊成員的工作常規並不相同時，你將會更清楚知道該如何改變自己的行為；當團隊成員的工作常規相同時，反思知識則能使你確定同事比以前更瞭解你。

為促進遠距團隊成員彼此交換直接知識與反思知識，領導者必須主動為團隊創造出工作之外的線上互動文化。領導者可設立社群媒體平台，讓成員每天進行非正式的連絡；也可以找不同團隊的成員輪流進行線上下午茶閒談；或在線上會議前後，特別撥出時間讓成員進行與工作無關的聊天。每一支團隊都應該找出對本身來說最輕鬆的方式，進行這類對話。最重要的是，團隊中的每一位都要理解這些互動不是為了讓成員繼續完成工作，而是讓他們認識彼此：詢問對方在工作之外的興趣嗜好、生活習慣、偏好、工作空間擺設等。在成員透過這些對話認識彼此的同時，也會對彼此的狀況與觀點等直接知識有更深的理解，同時他們也能從成員的觀點來瞭解自己，藉此獲得反思知識。

情感信任

我們是如何與他人發展出情感信任的？其中一個最主要的發展方法是**自我揭露**，也就是使他人認識你。在過去五十多年來，人們針對友誼、情感與醫療等各種人際關係中的自我揭露進行廣泛研究。人與人建立信任的方式是彼此自我揭露，加強親密感與討喜程度。

對團隊的自我揭露必須是確實、明白且自願的。你在會議中說的話、在電子郵件或聊天室中寫的文字以及在社群媒體上傳的照片或影片，都可成為自我揭露的途徑。自我揭露對遠距工作者來說尤其重要，這是因為遠距工作往往缺乏人與人建立連結時，所需的明顯視覺社交訊號與可見資訊。以下幾個自我揭露的要素，是對接收者來說最重要的[15]：

- **深度**：表現出的親密程度
- **廣度**：揭露的資訊量
- **時長**：交換資訊的時間長短
- **對等**：揭露是單方面的，還是雙方面的
- **誠實**：資訊有多「真誠」
- **屬性**：資訊對於接收者來說，是否獨一無二
- **描述或評論**：「我剛吃過晚餐」或「我喜歡中東食物」
- **個人的或關係的**：「我喜歡海鮮」或「我喜歡和你一起吃海鮮」

也就是說，在加強情感的親近程度時，必須在日常對話中分享一些與自身相關的資訊。可以選擇在團體會議開始前或結束後這麼做；也可趁和單一成員用數位工具連絡時，自我揭露。「我必須把車子送去修理，所以沒辦法在那個時間點開會。」「要是我能搞定這些科技產品的話，就可以更早完成這項工作了。」「我們的新客戶來自康乃狄克州。對了，我就是在那裡長大的！」「我看到你上傳一張約翰尼斯堡的照片，我和家人曾在南非住了一年。」你越瞭解對方，就越有可能喜歡上對方，也越容易覺得親近。若沒有分享這些資訊的話，你們最後建立的關係將會是只和工作有關的「單向度商務關係」，在遠距團隊中尤其如此。在同一地點工作時，你會和同事們一起度過休息時間，因此必定會在無意間發現一些與彼此有關的資訊，例如「某位同事總是會在周五下午四點整，泡一杯卡布奇諾」，但是在遠距團隊中，你必須得特別留意，才能讓成員彼此分享這些怪癖或習慣。

自我揭露當然也需要我們判斷特定情況的界線在哪裡、哪些事不該做，以及願意揭露自身資訊到什麼程度。舉例來說，你可能不會想和整個行銷團隊分享最近動手術的血腥細節，但這或許是你和醫師進行遠距照護連絡時應該要提供的資訊；雖然你會想在面對他人時顯得真誠，但絕不能說出一般常識中的冒犯言論（如性別歧視）。

與遠距客戶建立信任

所有領導者都知道，建立內部信任（同儕之間、與老闆之間、與直接下屬之間）是至關重要的一件事。與此同時，和外部夥伴建立信任也同樣重要，和客戶間的信任尤其關鍵。當我們無法藉由辦公室拜訪、商務午餐、會議等常見機制建立情感信任與認知信任時，該如何和客戶與外部夥伴建立信任關係？

我認識一位名叫約翰（化名）的領導者，他找到有效運用數位媒體和遠距顧客建立信任關係的方法。約翰的團隊所提供之服務，是協助客戶管理價值超過五百萬美元的流動資產。在提供顧問服務時，他們必須為每位客戶的需求與興趣，量身打造不同的投資策略。這份工作的核心，其實是和客戶建立情感信任。

在傳統工作模式中，想要和重要客戶建立信任與情感關係時，往往必須親自和客戶見面。不過，如今有越來越多傳統的面對面「高接觸」方法正慢慢消失。早在新冠肺炎使約翰的團隊無法進行任何面對面接觸之前，他們就已經因預算削減、攀升的飛機票價與各種其他花費，而把團隊與客戶的見面次數減少到每年二至三次了，這樣的頻率並不足以讓團隊建立並維持與客戶間的信任。約翰的團隊必須適應線上互動的策略，從一方面來說，線上互動比以前方便得多；但另一方面來看，線上互動需要他們應用更多創意、花更多時間並付出更多精力。約翰要建立的信任既非快速信任，也不是尚可的信任，因此他要面對的難題是如何透過線上互動，培養預設型的認知信任與持久的情感信任。

約翰和他的團隊都很清楚必須增加高品質連絡的頻率。他們可利用社群媒體、視訊會議與電子郵件等可利用的數位工具達到高品質連絡，也就是服務接觸點（touch-point）。他們的目標是以多樣化方式創造出更頻繁的互動機會。他們必須做的第二件事，是設法讓客戶覺得線上對話就像面對面一樣，也就是說他們必須依照場合，更換較正式或較隨性的衣服，並設置適當光源，盡量讓自己的臉顯得清楚且能傳達情緒。建立此種信任的另一個關鍵要點，是保持簡明扼要——在面對面時，可在對話中加入大量資訊；但線上互動時，必須找出最必要的細節，清楚明確地用短短幾句話解釋清楚。對約翰來說，簡明扼要並不難，只要在業務通訊錄上仔細篩選、比較團隊對於客戶投資組合的各種看法、把他的分析結論濃縮成三句話並在之後立刻打電話追蹤後續，就完成了。不過他們也可用更有創意的方式，達成「簡明扼要」這個目的：他和團隊借鏡其他產業的構想，製作一則簡短又精彩的影片——就像各種介紹「生活小祕訣」的影片一樣，用比傳統簡報方式更短的時間、以更容易吸引客戶注意的方法，簡單介紹新產品。上述這些方法都能建立客戶的認知信任，讓他們更相信約翰與團隊有足夠可信度、公信力、經驗與知識，能為他們好好掌管數百萬美元的資產。

約翰也發現一些能建立情感接觸點的新方法。舉例來說，他的團隊會為客戶安排特別的線上生日驚喜。他們會向花商訂購在特定日期送達的花束，並請花商告知花束會在幾點抵達客戶住所。約翰會在客戶收到花束前打視訊電話過去，等待客戶在門鈴響起時去應門。約翰在視訊中即時看見客戶的臉並和客戶一起收到禮物，這樣的事件以非常特殊、又充滿情感的方式，加強約翰與客戶間的關係。在另一個例子中，一位團隊成員在新冠肺炎大流行期間寄了口罩給一位客戶，由於當時這位客戶非常擔心他和家人會買不到口罩，所以這位成員的舉動對客戶來說意義重大。這種充滿關心的舉動增加客戶的情感信任，對方立刻同意提供投資基金給當時正和成員討論的產品。

約翰與團隊也會使用各種新穎方法，創造與客戶間的社交連結。舉例來說，他們在社群媒體上為客戶量身打造各種非公開的「興趣社團」。他們邀請對紅酒有興趣的客戶參加線上紅酒品酒會，每人都會收到一套精選紅酒並受邀參加視訊通話，且除了客戶與團隊成員外，他們還會找專業侍酒師一起加入視訊。而對網球或高爾夫有興趣的客戶，則會收到由專業選手拍攝的客製化短片。雖然這些依照客戶性格高度客製化的互動並沒有把焦點放在銷售上，但這些活動對於團隊與遠距客戶發展密切的信任關係來說，有著至關重要的影響，能夠推動客戶的信任度沿著信任曲線往上攀升，進而在未來的工作關係中帶來益處。

信任就像膠水，能連結遠距工作的同事，確保團隊成功完成工作。有時候，我們的工作需要依靠長時間的、可信賴的重複互動與相同經驗建立傳統的預設型信任。也有些時候，我們必須直接信任工作夥伴，直到找到對方不值得信任的證據為止。由於信任是動態而非靜態的，所以你可以像使用羅盤一樣運用信任曲線，來評估雙方現在位於信任的哪個階段——是又快又高，還是又慢又低——以及你的目標是促成哪一種信任類型。你必須在幾乎沒有面對面接觸的狀況下，判斷彼此需要多廣、多深的信任。遠距團隊可利用「信任曲線」這個工具，來決定需要哪種信任類型，與要花多久時間達到目標。

行動指南：在遠距團隊中建立信任

- **夠用就好。**遠距工作團隊必須理解，通常團隊成員只要達到不完整或不完美的信任，就足以讓團隊獲得資訊並完成工作。請仔細觀察、學習並決定你需要獲得哪些資訊，才能判斷某位成員的行動與話語是否足夠可靠，使你願意和他合作以完成工作。
- **預設最好的狀況。**在必要時，你和團隊成員必須迅速建立能夠合作完成任務的信任關係。請確認需要哪些資訊來決定工作夥伴能否勝任，在你累積相關資訊、判斷是否應該繼續建立信任的過程中，請提供有限的信任。
- **獲得直接知識。**藉此更加理解「知道團隊成員都怎麼工作，是增強信任的來源」此一概念。
- **透過反思，培養同理心。**發展同理觀點，看見其他人對你的感覺如何，以及你的行動會如何產生出具有強大影響力的資訊，並培養有意義的信任關係。

- **向他人分享自己。**在缺乏長時間且近距離相處的狀況下，團隊是很難建立情緒信任的。團隊成員需基於共享的正向情感連結建立信任，並向彼此傳達關心與照顧之意。你必須對團隊成員敞開心胸，他們才能瞭解你是誰、你的為人如何。和成員分享你對自己的看法，將能使你和其他人變得更親近，進一步培養情感信任。
- **創造新通道。**關注客戶的需求，發起線上活動，藉此和客戶建立認知信任與情感信任。這兩種信任都是必要的。你可以利用數位工具創造出獨一無二又有意義的體驗，讓對方知道你在乎他們、你很可靠。

第三章

遠距工作模式下，團隊如何維持高生產力？

Remote Work Revolution

說到遠距工作，你可能會很擔心生產力的問題。你要如何測量生產力？你要如何追蹤工作進度？如果團隊成員在離開辦公室後會分心或變得懶散的話，該怎麼辦？團隊成員可能會因為掛念追到一半的網飛（Netflix）影集、親愛的寵物撒嬌、家庭雜務或社群網站的未讀訊息等原因而停止工作。就算是原本打算要整天認真工作的人，也很可能會無法應付持續在家工作所帶來的生理與心理挑戰。

無論你所屬的團隊是每天或一周只有幾個工作天實施遠距工作，你都很可能會擔心團隊能否理解你在遠距工作時非常認真專注，也願意承擔義務。你可能會覺得難以和團隊其他同事保持連繫，也很難確保你能在家足夠專心、集中地完成工作。你有足夠的自律性和自主性嗎？又或者你會發現自己日以繼夜工作之餘，不免擔心維持高生產力卻會影響工作之外的家庭與生活？

管理階層會擔心他們的遠距團隊是否有能力達到組織目標，其中也包括擔心他們能否為目標負責。管理階層可能會因無法親眼看見團隊的工作狀況而擔心會遇到最糟糕的事。雖然團隊成員大量轉變成遠距工作模式一定會造成不小的影響，但事實上，多數管理階層就算和員工在同一個地點工作，他們對員工的生產力控制能力也很有限。團隊成員並不是每次都會準時在一開始講好的截止期限提交報告、新的軟體會出現故障、客戶會對服務代表感到不滿。除非你是十九世紀的工廠老闆，可以坐在上方的玻璃辦公室監視員工組裝零件，否則你對員工的終極控制權就和工業時代一樣，已經遙不可及。然而許多公司卻因為擔心難以管理遠距團隊而開始應用監控科技，從遠端維持員工的生產效率。

我們將會在本章先檢視監視科技與追蹤工具通常會如何產生反效果；接著再進一步討論該如何使團隊變得有效率，瞭解近年來十分著名的社會學家暨團隊效率先驅專家李察・哈克曼提出的理論。李察・哈克曼一直以來都致力於釐清必須符合哪些條件，才能打造出一支表現優異又有效率的團隊。遠距工作已經以各種形式存在數十年了，也就是說，我們能夠蒐集到大量有關遠距工作生產效率的數據——我將會用這些數據，來證明遠距工作所能帶來的各種好消息。人們需要哪些條件，才能有效率地遠距工作？雖然遠距工作者通常很重視遠距工作附帶的自主性與彈性，但他們同時也可能會覺得難以和團隊成員互動往來、難以在工作與居家生活之間設立界線，以及難以在家保持專注。各位將會在本章結尾，學到能如何幫助遠距工作者更有效率地工作。

為維持生產力而加以監視

想像一下，有一位二十五歲的電子商務公司員工，接到一封令她無比震驚的電子郵件，內容是主管要求她在個人電腦上安裝一個軟體，用來追蹤她在鍵盤上打字的內容與開啟的網頁。她在讀到電子郵件的後半部時驚訝得嘴巴都合不攏：除了安裝軟體之外，她還要在私人手機裡安裝一個全球定位衛星追蹤系統[1]。公司實施這些政策的目的，是想透過追蹤員工一整天下來的行為，來確保生產力。

另一家公司的員工也表示，她的公司為阻止員工在遠距工作時無所事事，而使用一種數位設備，每十分鐘會自動為電腦前的員工拍照一次，這讓她覺得非常受辱也感到非常焦慮。這項設備還會監測她的休息時間，在她應該繼續工作時，跳出倒數一分鐘的警告訊息，指出如果她不希望工作時數中斷的話，就應該繼續工作。她是領時薪的員工，如果工作時數變少，收入也會減少。這種彈出訊息所帶來的隱藏威脅，使她隨時感到惴惴不安，就算她只是離開座位去上廁所或接聽與工作沒有直接相關的電話，都會不禁提心吊膽。

澳洲的一家翻譯公司中，主管可以在任何一天的任何一分鐘，監看每一位約聘人員的桌上型電腦所打開的每一個視窗。就連這些約聘人員如何移動滑鼠游標，都要受到審查。他們會收到大量確認進度的電子郵件，而且翻譯公司希望他們每次都立刻回覆。諷刺的是，當所有人都在同一個空間工作時，公司就不會採取這麼嚴苛的措施。公司之所以會擔心員工會在沒有監督的狀況下偷懶，是因為公司主管覺得在無法親眼看到員工的日常工作狀態時，更應該要協助員工達到目標。

這些監控工具的供應商，把這些工具稱做「覺察工具」。在新冠肺炎迫使數百萬人在家工作期間，康乃狄克州有一家「覺察工具」供應商的商品銷量翻了三倍。該公司表示，光是裝設其販售的工具，就能有效抑制人們在不受監控的狀況下，忽略專業責任的傾向。讓我們暫且將婉轉的用語放到一邊，其實該公司的意思很清楚：只要少了老大哥的監視，員工就會懈怠。

某家社群媒體行銷公司的領導者，似乎也很同意這種論調。在員工開始在家工作後，這位領導者幾乎是在員工消失在視線中的那一刻起，就立刻要求他們安裝數位監視裝置[2]，想藉此消除因看不到員工而湧現的不確定感，並減輕自己對於生產力降低的憂慮。儘管監控工具的供應商宣稱這些工具是一種十分有幫助的嚇阻手段，並指出主管會因有機會蒐集員工的生產力資料而感到比較安心，但個人隱私的倡議者依然對於公司在員工的生活中，安置這種可能會永久持續下去的數位監控系統感到怒不可遏。

不過並不是所有用在遠距工作者身上的追蹤工具，都是用來規範員工行為的。有些主管會在遠距工作時，利用視訊攝影機與麥克風和員工保持積極互動，希望能藉此創造出像在同一地點工作時的持續陪伴感。這些主管認為只要團隊成員在視覺與聽覺上彼此陪伴，就算是透過電腦螢幕的視窗呈現，也能減輕因遠距工作所帶來的孤立感，並使成員在心血來潮時可自然而然地互動。

但無論主管安裝監控設備是為了生產效率，或是為了促進被動的持續連繫等更無害的目的，其實員工都一樣不喜歡監控設備。這種設備會使員工不自在的程度高到令他們感到極度焦慮，並使士氣低落到對雇主不再忠誠的程度。許多人忍受這種介入的唯一原因，是擔心反抗會導致解雇，在經濟狀況不好時尤其如此。有能力離開公司的人通常都會直接離開。企管顧問公司埃森哲（Accenture）提出的一份分析報告指出，員工會在監控工具的注視下承受極大壓力[3]，並感到權利被剝奪。勤業眾信聯合會計師事務所（Deloitte）做的調查也顯示，當千禧世代認為公司重視利益的程度超過重視員工福祉時，他們傾向離開公司[4]。事實上這份研究還發現，就算是那些本來應該因監控工具而獲得好處的人也會感到不安：在接受調查的高層主管中，有高達七〇%的人對於有效使用監控數據感到惴惴不安。

領導者必須體認數位監控會帶來的風險。無論一開始的用意有多良好，數位監控從定義上來說就代表員工與雇主之間缺乏信任——在員工突然轉移成遠距工作後，使用這些工具來控制員工的狀況尤其如此。一旦讓員工覺得自己不被相信，就等於毀掉高效率團隊工作的基石。如果高效率團隊工作的基石已經消失，那麼「覺察工具」——或任何用來增進生產力的方法，還能有什麼用處呢？

評估團隊生產力

在討論團隊與生產力之前，我必須先介紹李察．哈克曼。沒有任何人比他還要更瞭解團隊動態。哈克曼最著名的舉動，就是為了研究而進入高空中的飛機駕駛室，前往各種預料之外的地方尋求真相，他花了四十年時間從所有各位能想像得到的脈絡研究團隊：大型企業的高階主管團隊、管絃樂團、中央情報局、醫療照護團隊、機組人員等，不一而足。他在哈佛大學擔任多年教職，他對培養人才的看法是哈佛大學中的傳奇。他的存在感非常強烈，低沉的聲音總能引起眾人注意；此外，不知出於什麼原因，當我每次看到他時，無論他是在帶領研討會還是在一對一聊天，都覺得他似乎在進行一場激烈的知識辯論，他會一邊滔滔不絕地提出證據，一邊堅定地表明觀點。在他逝世後，我訝異地發現原來他只有一百八十二公分高，畢竟他的形象太過巍峨，我總覺得他身高應該超過一百九十公分。我的思維深受他的影響，我想至少有兩個世代的學者與團隊都和我相同。

哈克曼認為，我們可透過一套特定標準，來評估團隊表現。他為這個世界帶來許多永垂不朽的重要貢獻，其中之一是用三個準則，評判跨行業或跨背景合作的團隊是否能夠成功：一、**提供成果**，也就是達到預期目標。二、**促進個人成長**，也就是促進個人發展與個人福祉。三、**建立團隊凝聚力**，也就是確保所有人都把團隊視為一個整體來運作。[5]正如我剛剛描述的，我們要先知道這些準則，才能知道為什麼以團隊成員與組織的生產力為理由進行監測時，會招致失敗。

提供成果是你在評估生產力時，很可能會提出的基本問題之一。在客戶導向計畫中，有效率的團隊應該要成功完成相關產品或服務。在內部導向的計畫中，有效率的團隊應該要成功提供必要功能：策略團隊理所當然地應該要開發出策略；營運團隊理所當然地應該要做到妥善管理營運；技術團隊理所當然地應該要成功應用技術，以此類推。想當然耳，並沒有一個通用的描述，可拿來定義所謂「成功」完成計畫，或「成功」提供功能應該是什麼樣子。產品團隊可能會在截止日期前用低於預算的價格設計出產品，該團隊確實達到領導者與利害關係人的期待，但卻犧牲品質，也使客戶大失所望。每一個團隊必須各自定義屬於自己的目標。

衡量團隊表現的第二個基本方法，和個體經驗有關。在一支成功的團隊中，成員應該要發現並感覺到其他人**關心他們的福祉或個人成長**，這也是團隊重要功能之一。因此，團隊合作能讓每個夥伴都有機會增廣知識、習得新技能並接受新觀點。就算這些機會對於團隊的可測量結果並沒有直接影響，但個體成長通常能帶來更高的工作滿足感，進而促進團隊生產力。若是缺乏這個要素的話，團隊成員可能會出現負面情緒。幾乎所有人都或多或少有過這種經驗：你覺得工作沒有任何發展性，你的情緒表達需求也無法在團隊中獲得滿足，你很可能會因此失去投入工作的熱誠。若希望團隊能有效率地工作，就必須讓所有成員都樂觀正向地看待自身角色定位、自身能為團隊提供的事物以及團隊能提供給他們的事物。

最後一個測量標準是**團隊凝聚力**，能用來評估成員是否把團隊視為一個整體來運作的狀況。想要激發出團隊凝聚力，必須引導成員學會如何在工作時以整個團隊為基礎，而非以獨自工作的個體為主。在學習過程中，最關鍵的要素是社交連結：如果成員要以整個團隊為單位並有效率地合作的話，就必須覺得彼此連結程度夠高。這段學習過程往往需要花上不少時間。團隊成員可透過一起工作的經驗，發展出增進協調性的策略與技能，使團隊效率最大化。

遠距工作能增加生產力

接下來，我想跟大家分享一個好消息：雖然經理人會因太過擔心遠距團隊沒效率而使用監視工具，甚至因此腸躁症發作，但這種擔心是沒有必要的。研究顯示，遠距工作不會威脅到團隊生產力，事實上遠距工作其實能增加生產力。採用監督策略的主管們忽略了一個有關生產力的關鍵：效率來自**團隊成果**、**個人成長**與**團隊凝聚力**這三大要素。我將會在本章解釋，遠距工作的特色和這三大要素有許多相符之處——舉例來說，在討論到團隊成果與個人成長之間的關連性時，員工在家工作時能更有彈性地安排時間、對工作環境有更高自主權（再也不需和同事為了冷氣溫度，大戰三百回合），還能省下通勤時間。稍後，我將會和各位分享遠距工作時增加生產效率的關鍵方法。

首先，讓我們簡短回顧一下對效率的理解。

許多公司與學者在過去將近三十年時間，持續研究現代遠距工作的效率。這裡所謂的「效率」，指的是應用數位工具所帶來的線上專業工作方式（先說清楚，我指的可不是一六〇〇年代後期，倫敦商人搭船跨越大西洋在北美海岸和殖民者合作的那種遠距工作）。正如我在前言中曾提到的，第一批實驗現代遠距團隊工作模式的，正是科技產品的創造者。思科公司在一九九三年的矽谷執行遠距工作計畫時，有九〇%的員工都參與這個可在任何地點工作的宏大實驗。參與者可自由選擇想要在哪個地點工作：咖啡店、廚房餐桌和辦公室，都是思科接受的選擇。思科很快就因辦公空間中的人數減少而省下大量房地產支出，獲得財務上的益處。思科也指出，遠距工作使員工專注力與熱誠都有所提升，且根據公司報告，在實施遠距工作後的這十年間，公司因生產效率提升而省下一億九千五百萬美元。[6]

另一家科技公司昇陽電腦[7]則早在二〇〇九年被甲骨文公司（Oracle）收購的十多年前就建立了多元勞動力工作制度，需要不同部門員工在各自的工作地點進行跨時區的協作。由於分散式團隊的結構具有獨特需求，所以員工向公司表示希望能有更彈性的工作安排，因此昇陽的高階主管從一九九五年開始，便腦力激盪各種可能方式，最後設計並執行名叫「開放工作」（Open Work）的遠距工作計畫。高階主管們最後認為他們必須允許員工在任何時間、地點，運用任何科技工作。這在當時的社會是非比尋常的想法。

正如思科一開始的做法，開放工作計畫也組合出一個三管齊下的方法，依照順序把科技、工具與支援流程都納入其中。別忘了，在一九九五年時，想要連上網路對員工來說是件很困難的事。當時多數人都沒有手機，藍芽和雲端也尚未問世。因此，開放工作計畫提供的是一套名為「安全行動」（mobility with security）的賦能技術，員工在不同地點工作時，依然可自由進入他們的個人電腦。昇陽電腦的第二個創新構想，是讓員工可每天選擇不同地點作為辦公室，包括昇陽科技園區、共享辦公空間、旅館式辦公空間與客戶端辦公空間。第三個創新，是員工可以在家工作，也可以在需要不同的空間時使用昇陽的工作空間。為確保開放工作計畫的可行性，昇陽每個月提供移動式員工一筆零用金，用來支付網路、電話與硬體費用。

如今共同工作空間已經是非常時興的一種商業模式，也是一種生活方式——在麻州發布在家工作限制令前不久，我家附近的辦公用品連鎖商店史泰普斯（Staples）重新裝修店面，打造了美觀的共同工作空間，讓當地社群能在需要會面時自由使用——但早在二十五年前，昇陽這一類的公司就已經注意到必須設計培訓計畫，並協助員工適應新的工作方式。

昇陽開始執行開放工作計畫後，大約有三分之一的員工決定參加，也就是說，這些人不會在一般的工作日使用原本的工作空間。這個計畫後來十分受員工喜愛，參加計畫的人數在十年內變成大約六〇％的員工，也就是變成兩倍。昇陽也因減少一五％以上的不動產而獲益，省下將近五億美元支出。

這樣的成長趨勢引起管理學者的好奇心，他們想釐清遠距工作者的生活經驗，究竟是比同地點工作的同事更好或更差。其中一項研究提出假設，指出離開辦公室工作的員工之所以能增加一定程度的生產力，是因為不再需要忍受通勤所帶來的時間浪費與壓力，而且也會因能靈活安排工作而增加工作滿足感，並和團隊成員建立更良好的關係。事實證明這項研究的假設是正確的。遠距工作者非常喜愛自己能靈活地安排工作；不再需要為了準時到公司參加一大早的會議而感到緊張；不再需要盯著交通號誌等待綠燈，或在塞車時躲避那些因不耐煩而魯莽切換車道的駕駛；再也不需因狹小的駕駛座或擁擠的公車而背部發疼。研究發現，相較於通勤的同事，只要從廚房走到書桌就能工作的遠距員工，擁有高出三〇％的生產力。

這是美國獨有的現象嗎？或者不同文化脈絡的遠距工作員工，也一樣能增加生產力？以中國為例，中國的文化常規導致組織中的個人需求與集體需求之間的差異與美國不同，在中國進行遠距工作的實驗會有什麼樣的結果呢？一群經濟學家組成團隊[8]，以中國最大旅遊公司攜程集團（Ctrip）為研究對象，評估在家工作能對績效與生產力帶來多少益處。其中一位研究員梁建章（James Liang）是攜程共同創辦人，因此研究這個問題符合他的既得利益。值得注意的是，當他們詢問上海客服中心的九百九十六位員工，對於在家工作有沒有興趣時，大約半數人表示有興趣，但只有兩百四十九人符合公司規定的條件：已任職六個月以上，並且家裡有寬頻網路與私人辦公空間能工作。這些學者隨機挑選一百二十五位在家工作的員工進行研究，另一半員工則繼續在辦公室工作。除此之外，沒有改變任何條件。這兩組員工在接下來的九個月繼續工作，為顧客解決各種問題。

九個月後，這些學者有了什麼新發現？除了兩組人員都比較偏好在家工作外，學者們比較這兩組員工登錄網路接聽客服電話的時間，發現遠距工作的生產力比在辦公室工作的同事還要高出一三％。接著他們比較員工流動率，發現遠距工作者的離職率，比在辦公室工作者減少五〇％。在實驗過程中，攜程集團的總生產率增加二〇％到三〇％，平均每個遠距工作的員工為公司省下每年兩百美元的支出——大部分支出減少來自辦公空間、績效進步與離職率下降。攜程集團因此決定讓所有員工自由選擇是否要遠距工作。接受遠距工作的員工在工作績效上進步一倍，達到二二％。

目前為止，我提出的例子都清楚展現遠距工作能為私營公司帶來更高生產力與經濟益處，在這些公司中，有許多標準可以衡量績效。但如果員工是在聯邦政府工作，因此不需擔心每季績效的話，要如何衡量員工表現？管理學者拉傑・喬杜里（Raj Choudhury）和兩位工作夥伴席羅斯・福洛吉（Cirrus Foroughi）與芭芭拉・拉森（Barbara Larson）連絡了美國專利商標局（United States Patent and Trademark Office，USPTO，以下簡稱專商局），想研究在公家機關中遠距工作，是否也同樣會具有較高效率。

專商局是聯邦政府單位，位於維吉尼亞州亞歷山大市，工作人員分布在十一幢建築中。專商局的主要職責是達成美國憲法中的一段描述：「為推進科學與實用技藝的進步，國家需保障作者與發明者在有限時間內，對自己的文字與發明擁有專屬權利。」

當美國國民想出一個獨一無二的構想，希望此構想能受到保護時，他們就會前往專商局，和該局指派的專利審查人員合作。過去我曾為自己設計的全球協作模擬軟體申請專利，當時的經驗讓我知道，有些專利申請必須花上好幾年時間才能通過。審查員是技術工作，而且他們並不會急著完成案件。他們必須透過多個管道謹慎審查許多冗長、詳細、技術性又極高的表格，因此案件進度很容易推遲或遇到瓶頸。

喬杜里與合作夥伴獲得機會，可研究專商局的兩個遠距計畫。第一個計畫是允許居住地距離辦公地點八十公里之外的員工，可選擇在任何地點工作；第二個計畫則是讓員工每周可選擇四天在家工作。參加這兩個計畫的條件是員工至少要在過去兩年內，都擁有良好績效。大約有八百名專利審查員達到標準並參與研究計畫。喬杜里等人比較了任何地點工作及在家工作這兩個計畫的差別，他們發現能自由選擇要在哪裡工作的員工，提高四．四%的產能[9]。我們又一次，見證生產效率的明顯提升；更精確地說，我們同時也看見人們有多重視安排遠距工作的自由。我們一次又一次在各種案例中，看到人們顯然非常渴望工作時能擁有自主性，而遠距工作模式則特別適合滿足這種渴望。

遠距工作需要自主性

若希望遠距工作能成功，最重要的就是培養出自我管控能力，並善用你管理工作流程的天賦。哈克曼認為個體成長是很重要的，當我們把這樣的觀點延伸到遠距工作上時，可知遠距工作者需要選擇他們在哪裡工作與如何工作。事實上，若綜觀過去數十年來針對遠距工作之研究的話，便會發現**自主性**是工作滿足感與工作績效的關鍵條件。我在這裡說的自主性，指的是**自我管理的能力**。在遠距工作中，自主性會轉變成工作時間與工作地點的彈性。除了必須和團隊夥伴協作的時期外，能夠控制自己在哪裡工作、何時工作與如何工作，是非常重要的一件事——而且這種重要性具有很好的理由。能夠控制這些事物，代表你是受到信任的、值得依靠的（你將因此大幅增加自信心），也代表你對計畫有控制權（你將會為了使計畫成功而投入大量精力）；此外，你還能根據個人的日程安排，而調整工作時間（你將因此更有效率）。

自主性的最後一個好處，是能夠彈性規畫時間，這個好處對必須同時協調工作需求與家庭需求的遠距工作者來說非常寶貴；此外，也常有人把彈性規畫時間視為遠距工作模式最具吸引力的因素之一。我在本章開頭提及的監控設備帶來的影響，正好和自主性相反：監控設備會使員工覺得不受信任、不值得依靠，縮減他們在團隊計畫中的決策權，並迫使他們必須依照固定日程工作。這就是典型的矯枉過正——就像為了一個不太可能發生的最糟狀況而強迫員工穿上束縛衣，排除移動的任何機會。

自主性，真的對工作體驗和個體產出有影響嗎？一項目前還在進行中的研究，針對一家大型電信公司的員工進行調查[10]。在這項研究的參與者中，有八十三人是遠距工作者，一百四十四人則不是。這項研究指出，相較於在辦公室工作的員工，遠距工作者具有較高自主性、較常進行跨領域協作計畫、職業發展前景較佳，而且他們也較少花時間在「以緊張為基礎」（strain-based）的工作—家庭衝突上。這項研究認為工作與家庭衝突減少的原因，很可能是員工對工作安排具有較高彈性與控制度。此外，儘管遠距工作者覺得自身獲得的專業支援較少（很可能是因為他們鮮少和主管互動），但他們並不覺得自己的職業流動機會有受到任何阻礙。

當員工擁有自主性（也就是自我管理能力）之後，隨之而來的將會是**承擔義務**的能力。一般來說，當人們越覺得自己應該要為某件事物（組織、使命、構想）承擔義務時，就越會為了達到目標而努力工作。是否願意承擔義務是員工會不會留任的重要指標，若員工留任的話，公司就不需重新雇用與重新訓練員工，可以依靠有經驗的工作者，因此員工留任對生產效率有益。研究證實當人們有機會能從事遠距工作，並可以有彈性地安排工作任務時，他們將會有較高意願為公司承擔義務、績效也會增加，離職可能性則會下降。然而精疲力竭的感受將會削弱這些好的結果[11]。想當然耳，員工會因精疲力竭而失去控制的感受，而控制的感受和工作滿足感是同等重要的。此外，工作量過高導致的精疲力竭，勢必會減少遠距工作者十分重視的工作彈性。

在一項研究調查中，一群學者團隊把目標放在遍及美國的大型分散式團隊，與較小的團隊上，希望能釐清這兩種團隊中的遠距工作者會不會有自主性上的差異。學者們利用至少三個方法來瞭解這些員工的行為與生產力，包括調查、訪問與主管的績效評級。他們長時間調查大約一千名員工。有些員工是遠距工作者，有些則不是。這些學者的發現符合過去各種研究所指出的規律：在心理上具有較大工作控制權的員工，能有效降低離職率、家庭與工作間的衝突及憂鬱傾向。12

保持良好的工作條件

尚恩是一家電子遊戲公司的遠距工作軟體工程師。從他有記憶以來，就無比熱愛兩件事物：編碼與電子遊戲。尚恩的工作團隊，非常倚賴他能解決任何技術難題的傑出能力。他只要遇到問題，就會堅持不懈地設法解決。他也喜歡和團隊一起工作。從青少年時期開始，他就能把整個世界阻隔在外，沉浸在需要應用各種創意的編碼中，一坐下來就是好幾個小時，有時甚至會忘記吃飯。當他把全副注意力都放在眼前的螢幕上時，他可以完美地處理完好幾千行的程式編碼。

在他和大學時期認識的女友結婚後，生活卻變了。他和妻子生了兩個孩子，一男一女，尚恩最愛的是家人，其次是編碼，第三則是電子遊戲。然而，他卻開始對家中狀況越來越不滿意。他需要非常集中的專注力，才能協助他的團隊並完成職責，但如今他卻難以達到這種專注力。妻子抱怨他總是想著工作，就連吃飯時也不例外；而他則覺得有許多瑣碎的家庭事務，不斷打擾工作進度，使他感到越來越煩躁。家中空間也是個大問題，此外還會有持續不斷的各種聲音，但他們家的經濟狀況也沒有好到能夠改變這些居家條件。他開始考慮是否該放棄遠距工作了，這是他開始工作以來，首次浮現這種念頭。工作與家庭之間的界線變得極為模糊。

尚恩並非唯一一位因家中的工作與生活難以平衡而感到困擾的人。在新冠肺炎導致政府下達在家工作限制令的期間，全世界有數百萬人都同樣覺得自己無法分離工作與家庭生活。一般而言，對於多數人來說，家庭代表相對私人的領域，如果我們不能在家庭生活與專業領域之間畫出明確界線的話，將會帶來很大的負面效應。我們當然會希望並預設雇主在意我們的福祉，但他們刺探我們生活的程度，必須有個限度。我的同事拉克什米．拉馬拉傑（Lakshmi Ramarajan）一直以來都認為每個人的身分認同具有許多面向。舉例來說，一位專業人士可能會同時認為自己是技術專家、勞動力貢獻者、國家團隊的成員與家長。正如各位可能已經知道的，多重身分認同能為人們帶來許多好處，不僅生活會比較豐富，世界觀也比較宏大，但人們也可能會因為必須在專業世界之內與之外擁有不同行為與價值觀，而必須試著協調或來回切換不同的生活。

除了多重身分認同之外，從定義上來說，在家工作的遠距工作者必須在工作與家庭生活之間轉換。雖然對許多家長來說，遠距工作能讓他們用更有彈性的方式安排家庭時間與孩童照顧，如陪伴小孩上下學、做功課和吃飯，但部分研究發現，遠距工作的安排也可能會導致男女之間出現更多家庭與工作的衝突。

家中的條件：工作空間、科技設備、隱私權與同居人，能決定一個人能否在遠距工作時獲得良好發展。除非家中狀況能為工作帶來幫助而非干擾，才可能因遠距工作能自由安排時間與地點的彈性而獲益。想當然耳，家庭人數多寡也會使這個問題變得較輕微或更嚴重。家庭人數較少的工作者受到的干擾較小；家庭人數較多時干擾較大。另外是否擁有適當的居家工作空間，也會對工作滿意度產生決定性的影響。狹窄的公寓或臥室角落的臨時工作空間可能會讓人覺得不舒服又難以專心。若你工作時使用的床或桌子，也是睡覺或吃飯時使用的家具，你可能會覺得自己是「在工作中生活」而不是「在家工作」。對尚恩來說，家中的狀況是在小孩出生後出現改變，而有些人則是因家中有室友或多代同堂而使工作滿足感下降。

家庭狀況會影響一個人的福祉。整體來說，有多項研究發現由於在家工作具有時間彈性，也能使工作者有更多機會平衡家庭與工作[13]，所以能增進工作者的福祉，進而促進工作滿足感與生產力。不過對某些人來說，當專業與個人生活或專業與家庭環境之間的界線混淆之後，持續工作所需的專注力將會受到干擾，導致衝突與不適感。換句話說，在家工作能否順利，取決於你住在什麼樣的家，以及你和誰一起住。

團隊需要凝聚力

遠距工作與同地點工作之間最顯著的差異，就是兩者的本質。我們身邊不再有能支持我們、使我們歡笑、使我們惱怒的人，我們也不會有對象能支持、逗笑或惹惱；我們不再看見他們彎腰駝背地坐在電腦前或從走廊經過；我們不再聽見會議室中迴盪的聲音或咖啡間裡的歡聲笑語。從定義上來說，「遠距」就代表了遙遠的距離、不可觸及與連結中斷。「關係緊密的遠距團隊」，聽起來像是一個全然相反的概念。

然而一支具有高生產力又能帶來滿足感的團隊關係，並不取決於物理距離。無論團隊夥伴是遠距工作還是在同地點工作，團隊凝聚力的重點都在於**有效率的合作**。團隊成員需要對彼此有認知連結與情感連結，為了共同目標團結合作。他們需要理解整個團隊都站在同一座信任拱橋上，必須協助彼此順利地日常溝通並明確地協調工作。他們必須依靠、信賴並瞭解彼此，從對方的優缺點中學習。他們必須一起面對衝突、一起工作，才能找到解決方案。在相同地點工作並不是團隊凝聚力的先決條件。研究人員發現，**就算遠距團隊花在面對面互動的時間少於一〇％，也一樣可高效地合作**[14]。

對遠距工作者來說，團隊凝聚力的多寡，主要取決於兩個互相關連的因素：**團

隊成員彼此互動的頻率，以及**這些互動所形成的情感關係品質如何**。比同地點工作更重要的，是成員是否覺得其他人把自己當成團隊中的一員：他們是否覺得受到認可、有參與感並能即時得知團隊進度。在二〇〇八年針對一家大型科技企業的調查中，研究人員試著測量該公司占大多數的在家工作員工感到多高的專業孤立感。研究人員採用的是一個確立已久、且受到廣泛使用的調查方式，名為「加州大學洛杉磯分校孤獨量表」（UCLA Loneliness Scale），他們請調查對象閱讀一系列的敘述，並用一到五的分數，評定這段敘述是否反映了他們的感受。舉例來說，這些敘述或許會是「我覺得我沒有參加到能對職涯有幫助的活動與會議」「我覺得被排除在外」或「我想念和同事面對面互動」。研究人員把調查結果和生產力指標做比較，發現「遠距工作者的專業孤立感和工作績效是負相關」。

用孤獨量表來解釋「專業孤立感」[15]是很有說服力的。近幾年來的研究證明了**孤獨**[16]是非常嚴重的大眾健康問題——等同於每天抽十五根菸。這項研究指出，孤獨的「解藥」是有意義的情感關係。釐清了加州大學洛杉磯分校孤獨量表如何定義「孤獨」這種普遍情緒的同時，我們也能對專業孤立感有更進一步的理解。在調查的二十個項目中，沒有任何一個項目提到物理上的距離。事實上，其中一個問題詢問調查對象是否覺得「人們圍繞在身邊，但並沒有真的和我同在」，由此可知，就算一個人和其他人處在同一空間中，也一樣可能會感到孤獨。

換句話說，**專業孤立感是認知上與情感上的感受，而不是物理位置上的感受。**一個人的位置與他或她的感覺並沒有直接相關性。就算是每天坐在隔壁工作的同事，也可能會覺得彼此只是陌生人。因此，解決專業孤立感的方法是和團隊中的其他人發展出認知與情感連結——團隊成員的物理位置在哪裡，並非重點。當這些連結足夠強韌時，團隊就會充滿凝聚力；當團隊充滿凝聚力，也就會擁有較高生產力。事實上，充滿凝聚力的團隊不但能有省時與省錢的優勢，還可以變得比傳統的同地點工作模式更有效率。

是否只有少數任務適合遠距工作？

是不是有某些行業，特別適合遠距工作呢？研究人員向兩百七十三位在家工作的員工提出這個問題，這些員工的工作領域包括業務、行銷、會計與工程，結果顯示，不需社會支持的高複雜度工作較適合遠距工作。這項研究也發現不需太多互動合作的低複雜度工作（如客服中心），在家工作時有較高生產力。此外，就算是對於互動較多的工作而言，遠距工作與工作績效間也不具有負相關[17]。換句話說，**無論是哪一類型的工作，遠距工作都不會明顯降低工作績效。**在某些工作中[18]，遠距工作會改善績效；在其他工作中，遠距工作的影響則是中性的。另一項研究比較了在家工作與在辦公室工作之間的生活經驗差異與成果差異，結果顯示員工在家工作時，在運用創意解決問題方面的表現會比較好[19]。如果把理髮業或刺青店等需要高接觸的行業去掉的話，許多行業都能在實施遠距工作模式時，有更好的表現——尤其是那些需要深度解決問題能力，與高專注力的行業。軟體工程師、平面設計師、編輯、作家與其他知識型工作等能用電腦完成大部分工作的行業，大多都落在這個範疇中。

行動指南：高生產力的遠距工作

- **在評估生產力時，把焦點放在過程，而非成果。**請為團隊準備好所需的工具與資源，並相信他們知道要如何用最好的路徑達到工作目標。主管應該要把作家海明威說過的這句話銘記在心：「釐清一個人是否值得相信的最佳方法，就是直接信任他們。」
- **接受遠距工作本該具有的彈性。**請鼓勵團隊成員發展自主性，不要偏執地想加以監控，而他們將會因此獲得信心、決策權與效率。最後，你將獲得一支更有效率的團隊。
- **支持團隊成員打造最佳化的工作條件，這些條件很重要，而你的夥伴可能需要你從預算中提供財務支持。**詢問遠距工作者需要哪些事物來創造最佳化的工作條件，無論是什麼都可以提出。在可能的狀況下，提供資源與計畫來協助工作者，確保他們在工作時感到舒適。

- **注重團隊目標與身分認同。**團隊成員在工作時，不會走進門口掛著公司名字與商標的工作空間，因此你需要明確提醒他們工作的目標。領導者的責任就是確保遠距團隊夥伴抱持共同目標，並讓每位夥伴知道他們各自做出哪些貢獻。當成員覺得自己是團隊一員且目標明確時，整支團隊就會產生凝聚力；當團隊產生凝聚力時，就能繳出連在同地點工作的團隊也無法企及的績效表現。

第四章

如何善用數位工具，維持遠距工作效率？

Remote Work Revolution

二〇一一年二月七日，全球資訊科技巨頭源訊公司（Atos）執行長希爾里・布雷頓（Thierry Breton）在記者會上宣布，他將禁止公司內部使用電子郵件，當時這家公司內部有超過七萬四千名員工。這並不是一個異想天開或臨時起意的決定，布雷頓在二〇〇八年進入源訊公司時，已經花了數十年思考科技的效率與科技的轉變本質[1]，他在源訊任職期間表現得極其出色。在進入源訊服務之前，他曾在二十多歲時創立一間軟體公司，還出版過一本小說《軟體戰》（*Softwar*），故事中政府利用一種電腦病毒進行跨國網路戰——這是他在一九八〇年代出版的小說，銷售超過兩百萬本。

布雷頓認為人們收到的電子郵件太多了，多到會阻礙團隊合作，他將這種現象稱為「電子郵件汙染」，他對這種現象進行的顛覆性回應，就是突然宣布公司禁用電子郵件。此外，他也很擔心員工收信匣中的大量電子郵件，會使他們為了回信而花更多時間工作。他在宣布禁用電子郵件時說道：「我們正在大規模產生大量數據[2]，這些數據不但迅速地汙染我們的工作環境，也滲入我們的私人生活中。」他接著指出：「我們要從現在開始採取行動，扭轉這種趨勢，就像在工業革命後有許多組織願意採取行動減少環境汙染一樣。」

源訊公司開始使用內部社群網路、即時通訊系統與協作工具，取代內部電子郵件[3]。雖然源訊公司的員工並沒有在十八個月內達成布雷頓原本想消除所有內部電子郵件的目標，但他這個大膽計畫大幅減少內部電子郵件數量[4]，增加公司數位協作工具的使用頻率。公司文化變得較願意接納即時溝通模式，更多人願意使用網路電話和視訊會議以進行即時通話。員工可以利用這些方法進行即時溝通——也就是同步溝通。此外，布雷頓採用的系統也能直接顯示員工在網路上的狀態——即在線或已經下線。能看見誰在線上的狀態會鼓勵員工進行線上對話，進一步推動團隊建立自發性互動，並在過程中邀請他人，或允許更多同事加入目前的對話。最後，這些員工開始習慣利用自家設備開線上會議，最常使用的往往是視訊會議。

雖然布雷頓的方法比較激進，但他非常瞭解身為分散式跨國組織的領導者，必須設法創造出適合的條件，讓所有員工即使彼此距離遙遠，還是能建立連結或互相合作。他也很清楚領導者應該要負責決定公司將要採用哪種溝通文化，接著為遠距工作者選擇能達到此種文化的工具。雖然電子郵件並沒有在源訊公司中完全消失，但如今員工變得很擅長創造團隊合作的空間，也會留心選擇最適合目標的媒介。布雷頓後來接受法國總統馬克宏（Emmanuel Macron）的徵召，擔任歐盟執行委員會的會員與其他職位，協助超過五億一千一百萬名歐洲人進行數位轉型。

遠距工作者在做任何事情時，都必須決定使用哪一種科技媒介工具，才能最有效率地完成工作，同時深化與同事間的關係。我們將在本章討論的問題，包括應該如何傳遞訊息、是否該透過不同媒介追蹤一開始傳遞的訊息、該如何強調某個不顯眼訊息的重要性？我們該在何時使用能夠長久留存的書寫訊息模式，如電子郵件和內部社群媒體工具？又該在何時使用即時影像或語音來溝通？如果我寄一封電子郵件到收件者的信箱，讓這封信能在未來持續出現在收件者的視線內，提醒收件者還有尚未完成的工作，這樣是有效率的嗎？最適合團體合作的媒介是什麼？當我們已經知道人們整天都沉浸在各種資訊時，用哪種方式傳遞訊息最適當？如果你幾乎無法或完全無法和同事在同一地點工作的話，要如何維持彼此間的連結與關係？又要如何避免產生科技疲勞？

科技疲勞

請容許我先解決科技疲勞的問題。認知過載、頭痛甚至語意不清等抱怨出現時，員工往往也會一併抱怨視訊會議之間的間隔過短。科技疲勞之所以會出現，通常都是因為把線上的工作溝通視為真實世界的工作溝通，但卻沒有做出真實世界中會有的溝通限制。舉例來說，如果在真實世界中需要連續開會的話，我們往往會在會議間空出一段過渡時間。一部分原因是面對面互動通常需要大家從甲地移動到乙地，就算甲乙兩地之間只隔一條走廊，也不可能連續不斷地開會。可能偶爾會有一、兩個會議的時間非常靠近，但這不會是每天都在發生的事。

感到科技疲勞的遠距專業人士在安排會議時，往往會在第一個會議結束後就立刻安排第二個。除此之外，如果沒有在會議過後空下一段時間來消化會議內容並列出代辦事項清單的話，人們很容易會使工作出現毫無必要的累積。我們的確可使用數位工具把行程排到最滿，但這並不代表應該這麼做。因此，在會議中間安排一段過渡時間，是非常重要的一件事。

同樣重要的，還有另一件事：就算有能力每次都使用視訊會議，也不代表應該每次都這麼做。請別誤會我的意思，我很清楚視訊具有許多益處。在使用電子郵件、電話、視訊會議、即時訊息與社群媒體等溝通工具時，必須依據目的選擇適當工具，最重要的原因在於這些工具並不是中立的溝通管道，它們會各自形成不同的社交動態，影響工作目標的進展。若希望能在遠距工作中拿出最好表現，就必須知道要如何選擇正確的數位工具，才能確保團隊有效率地使用這些工具，在遠距工作的過程中成長進步。

在討論如何為分散式溝通選擇適當數位工具時，可一路追溯到一九七〇年代。好消息是，我們現在已非常瞭解數位工具會如何對人們產生影響，以及在思慮不周時使用這些工具將會對遠距工作者帶來什麼負面效應。接下來，我將描述在遠距工作中做技術決策時，必須理解的幾個重要問題（共有知識和社會臨場感）以及解決方案。本章不會列出有限的一對一解答，而是會提供詞彙與框架，讓各位理解應該在什麼時間與什麼狀況下，選擇哪些數位工具。

對設計遠距工作選項的組織與領導者而言，重要的不只是該選擇哪些數位工具，還要理解不同工具可以支援什麼目標，以及會帶來哪些益處與限制。有些工具較適合自主性高的非同步活動，有些則能加強合作與即時討論。有些工具能加強直接性與親近性，有些工具則設計來計畫流程與政策。在如今能使用的各式各樣數位工具中，電子郵件、文字訊息、視訊會議、電話與社群媒體平台是最受歡迎也最廣為使用的。若能理解這些工具在類型與特性上的不同，並有意識地選擇要使用哪些數位工具，就能加強團隊效率、增加團隊凝聚力與工作滿足感。

但首先，你必須理解遠距工作會為團隊成員及身為領導者的你，帶來什麼樣的獨特困難。無論團隊是所有人都遠距工作，又或者是採用遠距與同地點工作混合的模式，你身為領導者都必須決定想創造出什麼樣的溝通文化。透過我與其他社會科學家過去的調查，我找出科技疲勞與另外五個困境，你必須解決這些困境，才能回答這個問題。

- **共有知識**
- **社會臨場感**

- **精實媒介與豐富媒介**
- **冗餘溝通**
- **文化差異**

共有知識困境

若希望能在溝通時有效率，就必須對討論內容有共同的預設心態與相同理解。在線上世界會遇到的一個典型問題，就是必須在看不見對方的狀況下，保持共同的預設心態或取得共識，這是因為就算在最單純的狀況下，大家也需要廣泛的共識，才能成功解讀當下的脈絡並對彼此做出適當回應。社會科學家把這種問題，稱做**共有知識困境**（mutual knowledge problem）。如果有人告訴你：「開完一場電話會議後，到街角咖啡廳和珍妮一起喝杯咖啡。」而你在聽完後表示同意的話，就代表你正在使用和對方都知道且理解的相關背景知識，如咖啡廳的店名、咖啡廳的位置以及你該在何時抵達。同樣地，專案團隊不但需要對專案細節有共通的理解——如何使用適當工具（如試算表或現金流折現法），也必須對「要達到什麼結果才能讓利害關係人滿意」有共通看法。團隊必須建立共識才能順利克服障礙並繳出成果。不過，說的當然比做的容易。若團隊成員間無法取得共識或對工作產生誤解的話，將會使計畫成果大打折扣。

為什麼共有知識困境會對遠距工作的目標產生負面影響？針對這個問題所做過的研究中，最有影響力的一個研究橫跨美國、加拿大、澳洲與葡萄牙，花了七周時間針對一支團隊的遠距合作做了調查[5]。該團隊在這段期間完成多項工作，包括提出商業構想、撰寫商業計畫並創造出一個商品演示網頁。在合作過程中，他們共產生一千六百四十九封電子郵件、無數聊天紀錄與計畫產出，研究人員把上述資料全都拿來分析，藉此找出團隊在哪個環節遇上共有知識困境。這項研究找到好幾種因共有知識困境所導致的失敗。

這些調查對象有時會因不瞭解彼此的工作背景，而無法獲得共識。舉例來說，如果他們沒有讓某個計畫的團隊夥伴知道他們正忙著做另一個計畫的話，就無法解釋他們的參與度為什麼顯然較低。與電子郵件相關的行為，也會因各種原因而無法帶來共識。實驗對象可能會因為沒有把電子郵件寄給所有成員，導致團隊中的參與感出現不平衡，最後使某些成員比其他人更容易「身處小圈圈中」。實驗對象可能會因在一封電子郵件中提到數個主題，而沒有去強調這些主題的重要性，造成團隊合作與優先順序的混亂（研究人員將這種狀況稱做「未充分凸顯」）。就算只是實驗對象「確認電子郵件的頻繁程度」（每天或每個禮拜好幾次）這種看似無害的差異，都會導致每個成員獲得資訊的速度出現落差。此外，另一個令人困惑的問題，在於實驗對象在線上群組通訊中「保持沉默」所代表的意義。有些人把沉默解讀為「我同意」；有些人則認為沉默代表「我不同意」；還有些人覺得「沉默就只是沉默而已」，沒有任何意義。總括來說，這些模糊的溝通策略，會導致各成員對工作做出不同預設，進而在共識與效率方面造成問題。

上述研究除了分析共有知識困境所導致的失敗，也發現當實驗對象彼此相距遙遠時，會較難完全認可並理解其他協作者的環境，因此在缺乏資訊的狀況下，他們傾向把失敗狀況歸咎於個人而非其他因素——這種想法會使團隊更難找出有建設性的補救措施。舉例來說，就像在真實世界談話時人們往往不太擅長應付沉默一樣，在線上世界，人們往往不太擅長應付對方沒有迅速回覆電子郵件的狀況。人們傾向把沉默或他們眼中的延遲回覆，解讀為他們個人的失敗或對方針對他們個人的冒犯。

社會臨場感的困境

遠距工作最顯而易見的挑戰之一，就是無法和其他團隊成員親自面對面互動。無論是哪種形式的數位通訊，其實都是在努力試著解決無法面對面互動的困境，有些溝通方式會盡可能複製面對面溝通時能達到的成果；有些則會試著用不同溝通形式，提供面對面互動時無法獲得的優點。但是，為什麼面對面溝通這麼重要呢？我們在線上溝通時，到底缺少什麼？

我們可從社會科學家所謂的**社會臨場感**[6]（social presence），來理解這個問題。社會科學家認為，面對面接觸是社會臨場感的黃金標準。但是，當無法面對面互動時，依然可轉而運用社會臨場感，來定義哪些特定媒介能傳達足夠的聲音或臉部表情，讓接收者理解訊息傳遞者的想法與感受。

社會臨場感有兩大關鍵概念：**親近性**（intimacy）與**直接性**（immediacy）。親近性，指的是**兩個人在互動時，能感覺到人際交往上的親近感**。會影響親近性的因子包括眼神接觸、笑容、肢體語言及不同敏感程度的各種對話主題。因此，能讓人即時看到彼此臉部表情的數位媒介能帶來極高親近性，反之則否。直接性，指的則是**一個人在溝通時，覺得自己與對方之間存在的心理距離、精神感受或情感連結**。我們會用溝通時的各種特質來判斷直接性，如口語方式、非口語方式、物理距離、友好程度、穿著（正式或非正式服裝）及對話時的臉部表情等。你使用的科技，能決定團隊成員在溝通過程中，會注意到與感覺到這些溝通特質到什麼樣的程度。值得注意的是，就算社會臨場感沒有改變，直接性也可能會產生變化：舉例來說，當兩個人透過電話溝通時，就算社會臨場感保持相同，但如果其中一人的說話態度或語調突然從坦白溫暖轉變成嚴厲批評，直接性就會出現變化。

親近性與直接性會受到社會臨場感的兩個面向影響：**效率**與**非口語溝通**。這裡的效率，指的是**溝通者認為把訊息傳給聽眾時，採用哪個媒介最有效**。舉例來說，雖然面對面溝通的社會臨場感是最高的，但在對峙程度較高或人際關係較緊張等狀況下，溝通者或許會比較想使用社會臨場感較低的溝通媒介，因此在這種狀況下，這種媒介的效率會比較高。而非口語溝通，指的則是**數位媒介能提供多少面對面互動時會有的細節**。我們在溝通時，可以透過肢體語言、眼神接觸、手勢與距離等非口語溝通，來傳遞最明確也最豐富的資訊。想當然耳，人們會有意或無意地試著控制自己的非口語溝通行為：我們都知道有些人能擺出無動於衷的「撲克臉」，讓人難以解讀他們的感覺；也有些人會在聽到壞消息時，顯得十分樂觀。

那麼，這些資訊代表什麼意義呢？這代表瞭解社會臨場感，是很重要的一件事，你必須知道選用的媒介能否傳達你的「關懷」「性格」或「真實性」。不同的視覺媒介與聽覺媒介能傳遞的資訊各有不同，雖然聽覺媒介無法傳遞明顯的非口語線索或較隱晦的表情，如對方在講話時是顯得疏離還是真誠，但我們依然可在訓練過後，藉由語調和音量來聽出這些差異。歸根究柢，我們要用何種媒介來溝通，其實取決於想溝通的內容為何，其中也包括希望能達到多高的社會臨場感。在遠距工作中，我們**必須依據特定目標，選擇最適合的數位媒介**。

精實媒介與豐富媒介

無論你找哪一位科技通訊專家，只要向他們問起人們要如何選擇符合需求的溝通媒介，專家一定會開始向你解釋**豐富媒介**（rich media）與**精實媒介**（lean media）[7]。

豐富媒介，指的是能**傳達大量資訊的媒介**，包括社交訊號與社會臨場感等資訊，能使人們更加理解多種狀況，甚至連比較模稜兩可的狀況也包含在內。而精實媒介，指的則是**傳達較少資訊、較少社交訊號、較低社會臨場感且溝通相對受限的媒介**。精實媒介與豐富媒介都很重要，兩者都是會逐漸演變的。在解讀空間較大、歧異度較高、明確性較低的狀況下，使用豐富媒介會較有效率；在比較直觀的狀況下，使用精實媒介則會較有效率。

你可能會注意到，精實媒介通常具有非同步的特質；而豐富媒介則通常較偏向同步。在論及哪種類型的工作比較適合哪個程度的精實度、豐富度與同步程度時，研究人員認為溝通是由兩個主要流程構成的[8]，分別是**傳播**（conveyance）與**聚合**

圖一：精實媒介與豐富媒介的例子

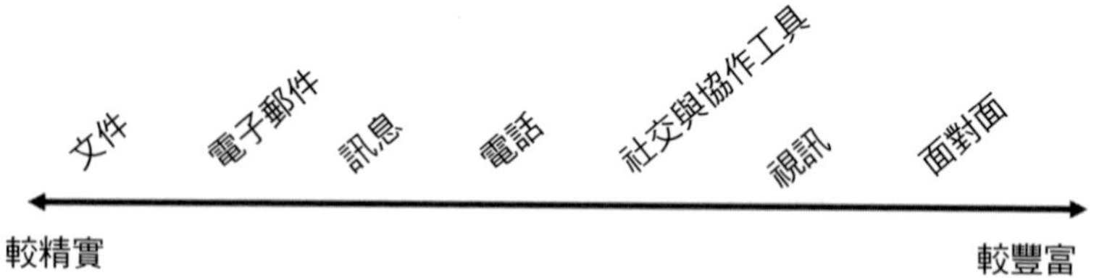

（convergence）。傳播，指的是**新資訊從一個人這裡傳達到另一個人那裡**，舉例來說：「十月十五日早上將會有一定數量的新貨品」，此訊息的接收者可能需要時間確認貨品的存量與原始訂單的數量是否相符。對這項工作來說，比較適合的應該是精實、非同步的媒介。聚合，指的則是**個人必須在溝通的過程中討論與詮釋資訊，藉此達到共識**。討論「團隊要如何在收到一批貨品時，做最好的使用」這類需要來回對話的工作，就適合豐富、同步的媒介。

儘管如此，並不是所有工作在溝通時，都只能從精實、豐富、非同步或同步媒介中選擇其一。媒介的選擇，還是必須依照環境而訂。有時候，同步的豐富媒介較適合用來協調需完成多個工作的團隊；而非同步的精實媒介則適合用來協調整個團隊在何時開會最好（在一般狀

表一：工作項目與數位媒介特質

	豐富媒介	精實媒介
同步媒介	複雜的協調 討論 協作 招募團隊成員	日常事務的協調 交換資訊
非同步媒介	開發內容 選擇合作對象	交換資訊 簡單的協調 處理複雜的資訊

況下，各種類型的工作適合何種媒介特質，請見表一）。

還有一些調查人員，做了更深入的研究[9]。他們注意到，儘管電話與即時訊息都是同步媒介（或大致上來說是同步媒介），但這兩個媒介在不同情況下的效率程度卻有所不同。我們可輕而易舉地用即時訊息把資訊同時傳遞給許多人，電話則通常只能把聲音傳遞給一個人或少數幾人。利用這些特性為科技分類之後，我們可找出五個最重要的特質：**媒介傳遞資訊給接收者的速度、媒介能同時接觸到的人數、傳遞資訊方式的多樣性**（實物、影像與聲音資訊）、**媒介允許傳送訊息者在訊息傳送出去前，演練或微調訊息的程度**及**媒介允許**

表二：特定媒介與其特性之比較

	傳送速度	接收人數	傳遞方式多樣性	微調的潛力	訊息持久度
面對面	快	中等	少至多	低	低
視訊會議	快	中等	中等至多	低	低至中等
電話會議	快	少至中等	少至中等	低	低
共享資料夾系統	中等至快	中等	少	高	高
社交與協作工具	中等至快	中等	中等至多	中等	中等至高
即時訊息	中等至快	少至中等	少至中等	中等	中等
電子郵件	慢至中等	多	少至中等	高	中等至高
文件	慢	多	少至中等	高	中等至高

訊息被接收後，能長時間重新檢視、處理，與重複的程度。我把這些特質羅列在表二中，我們可藉由這些特質，進一步考慮哪個媒介在哪個情況與哪個時間使用最有效。

由於面對面會議是最豐富的溝通方式，所以你可能會覺得使用數位通訊工具的目標，就是使溝通模式越豐富越好。雖然豐富媒介通常確實能為團隊效率帶來幫助，但並非總是最好的選擇。比豐富和精實更加關鍵的，是團隊成員間的**情感關係**，與**溝通時**

的目標。在團隊決策與協商時，這點尤其重要[10]。對感情較好的團體來說（如團隊成員在下班後依然是朋友），視訊等豐富媒介能帶來的益處較少，這是因為他們已經認識且對彼此有正向觀感了，因此當他們需要達到共識時，只要使用電子郵件這類較精實的溝通方法便足夠。二〇二〇年三月，美國政府因新冠肺炎而下達在家工作的禁令後，許多員工都回報他們受到科技疲勞的影響。事實上，科技疲勞的其中一個成因，可能就是團隊認為「越多越好」而不斷採用較豐富的媒介導致，而且原本就關係緊密的團隊尤其容易出現這種狀況。另一方面，如果團隊成員的關係較中性的話（如靠隨機抽選或因地點而組成的團隊），透過較豐富的媒介溝通則能帶來更好的效果，這是因為他們需要更多資訊來瞭解彼此的想法與行動方式。其中最令人意外的，是若成員間的關係原本就不太好的話（如曾經意見不合或處於對立的立場），那麼在協商與做決定時，使用豐富媒介則會令雙方關係更加惡化。當需要溝通的夥伴懷有敵意時，精實媒介反而能作為緩衝，減少可能會導致生產力降低的衝突。換句話說，在選擇適合的數位工具時，比起考慮工具本身，更需考慮的是**團隊成員間的關係與歷史**[11]。

在選擇數位工具時，另一個重要的決定因素是想達到的目的。研究人員發現，當團隊要執行的是「擬定報告草稿」這類「非日常事務」的工作時，最適合使用的是能提供「工作知識認知」的工具，如此一來團隊成員才能理解「誰在做什麼事」並進行追蹤，如誰負責寫報告的哪個部分，與報告的交稿與校稿期限。在保存紀錄與安排時程時，最適合使用的是精實的非同步溝通方式。相反地，當團隊成員來自不同語系或不同時區，能增加臨場感的數位工具[12]（認知到彼此都在場、都在互動），如視訊電話就能有效促進團隊效率。簡單來說，選擇不同數位工具，也會影響團隊的績效成果。

藉由檢視績效成果與表二的特定媒介比較，都能幫助我們替遠距工作者選擇適合的媒介，但光是這樣還不夠，原因在於人們在針對某項工作溝通時，通常會使用一種以上的媒介。就算是和同一個對象溝通，人們也會使用多種媒介。事實上，我在進行自己的工作時就發現到，聰明的媒介使用者會策略性地混合與搭配多種數位工具。

冗餘溝通

直覺上來說，我們會認為在溝通狀況良好時，應該要為了效率而避免冗餘。但事實上，**增加與加強冗餘的社交工具不但很有用，而且對於遠距團隊來說常常是必要的**。當你在有效率的遠距團隊中工作時，通常不會有人接二連三地走到桌前不斷提醒你同一件事，你或許會因此感到慶幸。不過，只要有人向你提起同一件事超過一遍的話，那麼你幾乎就可以肯定這就是「冗餘溝通」[13]。我與同事在一項研究中，為進一步理解使用多種媒介時會出現的各種冗餘溝通有何細微差異，決定觀察六家公司的專案經理。

在這項研究中，我觀察的其中一位專案經理名叫葛瑞格，他在一次晨會上告知一支十五人的團隊，他們將會在短時間內採用一套新的產品開發流程。團隊成員接二連三提出異議：詳細觀察工作內容太耗費時間了、為什麼品管經理要被派到另一個團隊去？驗證產品的時間太短了。葛瑞格用令人讚嘆的耐心與技巧，說服成員放下他們提出的每一個擔憂，且在會議最後，所有人都不算情願地同意要遵循這個新流程。不過，在同一天早上的十一點十五分，我觀察到葛瑞格花了二十分鐘時間，細心撰寫一封後續信件給團隊，這封信長達二十行，分成兩個段落，但基本上他使用的都是在先前那場會議上使用過的文字。我看著他來回更改信件主旨的遣詞用字三次，最後他終於決定使用「專為締造傑出而設計」作為主旨，信的結尾則是：「感謝你協助促進我們的工作流程，並確保進度能達到規範。」

我問他，為什麼不直接在信中簡短問候並重述會議要點，最後直接附上調查表，請成員們在進入下個階段時填寫就好了？葛瑞格解釋說，雖然大家已經同意要合作了，但因為他們一開始得知這項更動時是反對的，所以他覺得有必要進一步說服。他很清楚現在的狀況有多緊急，因為原先已經承諾好幾位客戶要在期限前發布新的圖形應用程式了，但如今進度卻是落後的。如果葛瑞格的團隊沒有在期限前完成工作的話，接下來的軟體開發團隊也就無法如期完成工作，到時客戶收到軟體的時間就會延遲，而依照合約，公司必須因延遲而支付非常大筆的罰金。不過，由於公司的組織方式，葛瑞格任職的專案經理職位是沒有直接權力的。換句話說，他必須依賴團隊完成工作，但團隊卻無需同意或協助他。

在觀察專案經理工作的同時，我與同事注意到每個人（不只葛瑞格）都會採用「冗餘溝通」的策略，不過他們實際使用冗餘溝通的方式，會依照主管是否具有直接權力而有所不同。

我們發現，主管會使用兩種不同的冗餘溝通方式，來影響團隊成員。具有正式權力來管理團隊的主管在遇到緊急事件時，若他們發現成員沒有立刻在行動上做出回應，一開始他們會主動採用「非同步溝通」的方式告知成員這個消息。接著，他們通常會再次嘗試溝通，這一次則可能會採取「同步溝通」，確保成員理解這個緊急事件。舉例來說，在遇到潛在的阻礙時，主管傾向使用簡短的、「延遲」的溝通方式（如電子郵件），希望能調整成員的工作內容，藉此應對這個新挑戰。如果員工似乎並不理解這個阻礙的本質，也沒有意識到需要做出適度改變的話，主管將會接著採取冗餘又「直接性」的溝通，如視訊會議，用這個方式確保員工都同樣理解主管如何看待新事件（以及必須採用的變通方法）。

以一家大型保險公司領導者亞曼達為例。她在某天一大早得知公司將要改變照護人員的保險給付規範。亞曼達的職責之一是為照護人員更新保險給付系統，她意識到最新的政策改變，也就代表她的團隊必須連絡所有在近期採用新系統的照護人員。照護者必須再次採用新版本的系統，如此一來才能從系統中得知亞曼達在那天早上的會議中得知的規範更動。

由於亞曼達意識到這個新政策會使客戶感到挫折，所以寄了一封電子郵件給團隊中負責向她回報的員工提姆，告知他團隊必須盡快更改未來的前進路線。她等了一陣子都沒有獲得回音。儘管她知道提姆可能正忙著做其他計畫，但她還是有些焦慮。提姆是不是沒有意識到問題的急迫性？因此，除了電子郵件這個比較延遲的連絡方式外，她又用了即時通訊再次連絡提姆。第二次的即時連絡讓提姆意識到，他們必須立刻把注意力從當下的工作轉移到這次的政策轉變上。後來，提姆在走廊遇到亞曼達，他說一開始並沒有理解到條件變更會對計畫帶來多大威脅，直到亞曼達第二次連絡他，他才意識到亞曼達認為這個事件有多急迫。

並不是每個人都和亞曼達一樣，能獲得組織給予的權力。像葛瑞格這種對團隊沒有正式權力的人，會依靠主動的冗餘溝通，來帶動其他人聚焦在集體合作上。有些專案經理一開始會先使用同步媒介，如會議，讓團隊成員表達自身的憂慮，接著專案經理會採用電子郵件等非同步媒介，針對上一次傳遞的訊息做更多補充。非同步媒介能讓訊息接收者有機會消化吸收這些資訊，葛瑞格多次修改的電子郵件就是一例，若傳遞訊息時使用其他媒介的話，這些資訊可能就無法留存，或容易被忽略。此外，由於使用非同步媒介時，接收者可在有空閒的時候再瀏覽訊息，無須馬上對接連不斷的需求做出回應，所以也能以較不干擾的方式，提醒接收者內容的重要性。

我們可從冗餘溝通的概念中發現，在溝通時明智地運用科技媒介，能幫助團隊成員更接近工作目標。在仔細考慮後策略性地配對使用媒介，不但能把訊息傳遞給接收者，還能強調這些訊息的重要性。雖然你可能會覺得成員與主管已經夠努力了，就算不把一件事說兩遍也沒關係，但事實上我們生活在一個人人都深受過量資訊折磨的世界裡，很容易錯過或忽略重要訊息，若你懂得使用冗餘溝通，就能有效說服對方先處理對你來說比較重要的事務，無須經過漫長等待才能收到回應。

文化差異與溝通

在分散全球各地的團隊中，團隊成員的文化背景往往具有極大差異。在團隊成員的多樣性較高的狀況下，是否依然適用同樣的數位工具與溝通方法呢？研究發現，多元文化會阻礙團隊溝通，而使用適當的科技則能減少其所帶來的負面影響。像電子郵件這類非同步溝通方法，能減少因語言不同而造成的溝通誤解。而同步溝通則能加強團隊成員間的信任，並協助他們發展出團隊認同感[14]。

在分散式團隊中，我們要如何使多樣性與科技能夠順利整合呢？在跨文化與跨語言的團隊中，團隊成員可能會想直接回覆一封只寫了「好」或「不好」的電子郵件。但在交換比較精細周密的資訊時，另一種媒介可能會較適合。研究發現，使用較豐富的溝通科技時，我們才能獲得交換複雜資訊所需的表現能力。在交換簡單資訊時使用較精實的溝通科技[15]，能減少因文化差異而產生的誤解。在某一個文化中很常見又很適當的溝通方式，可能在另一個文化中是很少見、甚至令人厭惡的溝通方法。[16]

在全球遠距團隊中，團隊成員的文化背景可能也會影響到他們使用科技溝通的方式。有些文化喜歡把面對面溝通當作最基本的溝通模式。很顯然地，這在跨國分散式團隊中是無法達到的目標，在這種狀況下，最好的選擇就是視訊溝通，因此視訊溝通是溝通中非常重要的一環。如果團隊無法使用同步的視覺媒體，最好的替代方案是即時語音會議或電話。雖然電子郵件也能用來交換一些瑣碎資訊，但若有些人因文化而習慣在工作前先「閒聊」，較好的溝通方法將會是即時訊息平台。雖然西方文化十分強調傳達壞消息時應該使用即時對話，但在某些文化中，先使用電子郵件傳達壞消息再打電話會比較恰當，這種方式能讓訊息接收者有時間先消化非同步媒介傳來的消息，之後再用電話溝通。

無論這些媒介之間的差異為何，我們都不該把自認為最適合的媒介套用在別的文化上。每個文化的偏好都有很大差異，我建議在尋找適合的媒介時，應每次都詢問溝通對象他們在這次工作中，比較偏好使用哪種類型的媒介。到頭來，最適合的溝通科技，還是取決於成員們的文化與語言背景。

善用社交工具

從某種程度上來說，現代生活的定義，來自個人社群媒體與專業社群媒體的持續連結性，而專業社群媒體的重要性正逐漸增長[17]。近年來，專為公司行號設置社群媒體平台的公司迅速成長，這些平台上每天都有數千萬名使用者。公司成功說服員工使用這些社交工具後，員工將會以無法取代的方式，更有效率地建立連結、分享知識、協作與創新。員工也能利用社交工具進一步瞭解，與他們的工作有關或他們曾協作過的計畫與規範目前的狀況如何。如此一來，將能刪減工作重複的狀況，也能釋放更多資源，讓員工把注意力放在其他有需要的地方。

舉例來說，在跨國科技公司中，工程師團隊在社交工具上對話時，能促進實用知識在組織內的傳遞。當位在德國辦公室的工程師得知更進步的東京辦公室在當地採用某個網路分析應用程式後，他連絡了東京的工程師，請教有關該應用程式的詳細資訊與所需網路設備，並使用了這個應用程式，接著他滿意地把這個結果分享到社交工具上。美國與法國的工程師在讀到這則貼文後，也表示有興趣把該應用程式用在當地市場中。團隊主管注意到這個應用程式在東京與德國都很成功，也有潛力可應用在其他地點，因此要求所有市場都採用這個應用程式。在行銷、業務與法律等行業中也出現類似狀況：社群媒體上的自發性對話，使知識散布至全公司。

在世界各地不同地點工作的員工，往往難以建立關係或形成共通的認同感。**社交工具能促進個人連結與專業連結，增加跨越地理與文化的信任與和諧關係。**許多全球跨區合作的員工都表示，公司內部的社交工具提供一個管道，讓他們能接觸到更廣泛的組織脈絡，這是他們無法透過其他方式獲得的資訊。一位電子商務公司的員工解釋道：「我能大概知道其他人在那裡（公司總部）做哪些事、執行哪種類行的計畫及他們如何工作。我因此和他們有了更堅實的連結。」公司其他人也同意他的說法：「我覺得自己是這個大家庭的一分子。」還有「我們在同樣的公司工作，我們是同樣的人，雖然彼此看起來不同、聽起來不同，但到頭來，我們其實是在做同樣的事。」在遠距工作中，團隊成員通常鮮少見到彼此，甚至有可能完全見不到面，而社交工具能幫助員工獲得歸屬感。

把社交工具帶到公司裡看似簡單——從科技的角度來看，確實沒什麼難度。

Slack 和 Microsoft Teams 都是社交工具的一種，你可能和其他數百萬人一樣，也在電腦裡安裝這兩種應用程式。多數社交工具都是雲端應用程式，所以幾乎不需公司為基礎設備做任何投資。由於多數員工通常都曾在私人生活中使用過社群媒體，所以學習使用公司社群媒體通常是相對輕鬆的一件事。然而，無論公司社群媒體看起來有多單純，若希望社群媒體為公司帶來益處的話，首先必須讓員工理解幾個重要事項。

我的同事保羅．李奧納迪（Paul Leonardi），和我一起對社群媒體的使用者進行縱向調查，我們比較兩家公司執行社群媒體的方式與使用者行為。我喜歡把保羅稱作我的「學術手足」，這是因為我們曾同時在史丹佛大學攻讀哲學博士學位。在那之後，我們一起撰寫過許多計畫，至今已經在工作、科技與組織等議題上合作將近二十年時間。第一家公司，是員工數超過一萬五千人的金融服務公司，我們花了十八個月觀察這家公司的兩個部門，其中一個部門使用了社交工具；另一個部門則沒有。第二家公司則是員工數破萬、橫跨十個國家的科技公司，我們花了二十四個月追蹤公司使用社交工具的狀況。

觀察這兩家公司所帶來的發現，讓我們十分著迷。一開始，參與者會在分享所謂的「全公司事物」時一併分享與工作無關的內容。一起工作的同事會對彼此分享的私人內容感興趣，這種好奇心使他們更願意使用網站，上傳與瀏覽各種與工作相關或無關的貼文。工作與非工作內容混合在一起，其中也包括在同事之間公開的貼文，因此各個員工對於本身沒有直接互動過或從未建立過有意義關係的同事，也會有一些基本瞭解，因而能推測對方是否值得信任。正如我們在第二章討論過的，員工能憑藉信任與否，決定要不要尋求對方幫助或分享與工作相關的有用知識。

在使用社群媒體時，員工將會因為工作與非工作的混合內容而建立信任，進而彼此分享專業知識。不過，雖然訊息混合一開始會對組織內部的知識分享帶來益處，但使用這些網站分享與工作無關的內容，很容易在最後帶來焦慮與衝突感：員工會擔心主管認為他們社交過度，有時候網站上也會出現較緊繃的人際關係。這些問題會使員工變得較不願意發表或瀏覽與工作無關的貼文，也會降低非工作訊息所帶來的工作相關知識分享。總體來說，分享非工作貼文是很矛盾的一件事：一開始人們會因此更頻繁地使用社交工具，最後卻又會因此不再使用。

對組織來說，很重要的一件事是清楚指出員工為什麼應該使用，以及要如何使用公司內部的社交工具。公司應明確指出員工可以分享與工作無關的資訊，以及員工與組織能從社交工具中獲得什麼益處。顯而易見地，在這種時候領導者必須站出來指明方向。光是設立如何使用社交工具的指南是不夠的，領導者也必須帶頭使用公司內部的社交工具，示範公司希望看到的行為，如此一來員工才能效法。舉例來說，領導者可以公開地和某位張貼了好構想的員工互動，或許可以提出跟進問題。領導者也必須在與工作無關的貼文下方留言，如祝員工生日快樂或對某個電視節目「按讚」。常會有領導者在社交工具上只發布有關政策改變或人事變動的正式公告，在這種狀況下，員工會認為這個社交工具只是管理階層用來宣傳資訊的管道，因而減少投入程度與溝通頻率。到最後，組織將無法順利透過社交工具，達成原本目的。

在溝通時，無論是用網路溝通或其他方式，最重要的都是脈絡。光是購買最新的社交媒體平台或最潮流的視訊硬體是不夠的。有時候，最好的溝通方法是稍等一下再寄出電子郵件——或完全不寄；又有的時候，最好的方法則是馬上按下寄出鍵。員工與領導者在應用數位工具時，必須更謹慎地進行規畫，而規畫的其中一部分是要學著理解通訊媒介的特性：精實與豐富、同步與非同步，並把這些知識應用在我們所知的工作夥伴關係上。事實證明，我們對於這些工具的許多直覺都是錯的，錯誤的應用可能會產生預期外的負面效應。此外，若我們只是因為科技的便利就急著想做更多、更多、更多，很可能反而導致生產效率大減。最後，創造出急迫性與設定優先順序，應該是領導者的工作，而不是科技的工作。我們可以在線上溝通，但會受到社交動態與社會臨場感的個人面向影響，而這些影響是我們過去從面對面互動中學到的。有許多領導者會依靠科技，來設立優先順序並大概理解團隊現在在做什麼，但數位工具，是無法代替領導力的。

行動指南：妥善使用數位工具

- **混合起來**。當我們沒有依照自己的需求安排工作，而是放任數位工具主導時間安排時，就會出現如連續開太多場視訊會議這類狀況，導致產生科技疲勞。混合使用適合目標的可用媒介（包括同步與非同步媒介），能降低科技疲勞。
- **理解脈絡**。當我們從事遠距工作及依賴數位工具溝通時，總會自然而然形成對團隊不利的共有知識困境。因此，遠距工作者很容易沒注意到當下情況的脈絡，而且可能會在論及共有資訊或共有觀點時，站在不平等的位置上。這種失去共識的狀況可能會導致誤解，使團隊難以有效率地合作。
- **臨場感**。社會臨場感的問題，來自我們在使用特定的數位工具傳遞社交訊號時，能增進多少親近性（人與人之間的親近感）與直接性（對話者之間的心理距離、精神感受或情感連結）。
- **別忘了，有時少即是多——反之亦然**。在解讀空間較大、歧異度較高、明確性較低的狀況下，使用豐富媒介會較有效率；而在較直觀的狀況下，使用精實媒介則會較有效率。

- **策略性地重複說過的話。**人們可以依照自身權力多寡，來排列使用媒介進行冗餘溝通的順序——從同步到非同步或相反，藉此強調某個訊息，或立刻做出決定的重要性。
- **別忘了詢問。**跨國團隊需要考慮到文化與語言差異。團隊成員會因文化與共同語言的差異，而偏好使用同步或非同步溝通工具。
- **拉近社交距離。**社交工具能幫助距離遙遠的同事更有效率地建立連結、共享知識、合作與創新，同時還能減少工作重複的狀況，釋放更多資源，讓員工把注意力放在其他有需要的地方。在社交工具上進行非工作溝通，能成為工作溝通的潤滑劑，領導者與員工都應該在公司內部社交工具上進行閒聊。

第五章

我的敏捷團隊，要如何遠距運作？

Remote Work Revolution

在廣受歡迎的情境喜劇《矽谷群瞎傳》（*Silicon Valley*）中，六位軟體開發人員在加州矽谷合作，試圖開發出跨時代的產品。這六人住在一起，組成的團體基本上可說是一支敏捷團隊（agile team）。他們會為瞭解決各種問題（包括有關科技、邏輯或互動的問題）進行即興對話。他們平常就會安排在客廳的辦公室開會，不過也會在廚房、車道、走廊或庭院進行討論。換句話說，團隊成員一直都處在同一個空間中。根據這部電視劇的設計，這支團隊是因為在同地點工作才能培養出親近感、創新力、動態協作能力、熱誠與驅動力。

這部情境喜劇的創作者是麥克・查治（Mike Judge）、約翰・阿爾舒勒（John Altschuler）和戴夫・克林斯基（Dave Krinsky），他們大量借鏡真實世界的軟體業文化，而敏捷團隊正是來自軟體業。從本質上來說，軟體開發者與他們編寫的電腦程式碼必須要採用支持合作與團隊驅動的工作方法，才能迅速把新的軟體產品推入市場。這就是為什麼在十九世紀末，軟體開發者會因為系統程式設計的迅速成長，而急需更新「瀑布法」（waterfall）這種傳統的產品開發法，這種方法指的是在開發前先草擬出高度結構化的計畫，接著再依照順序在每個階段把工作交給不同部門進行。此方法受到許多批評，其中一個問題在於這種高度結構化的方法十分耗時，產品很可能在送到消費者手上前就已過時。

二〇〇一年，十一位首屆一指的軟體開發者在猶他州雪鳥度假村聚首，目的是討論、滑雪、聚餐並想出軟體開發的新方法[1]，希望開發團隊能在開發的最早階段就把產品送到消費者手上。這十七位軟體開發者想要取代的瀑布法，是一種按照順序形式的開發方法，是一次世界大戰的顧問亨利・甘特（Henry Gantt）為美國軍事戰略開發的一種組織機制。敏捷產品管理大師傑夫・薩瑟蘭（Jeff Sutherland）指出：「我們已經放棄壕溝戰了，但不知為何，用來組織壕溝戰的構想至今依然深受歡迎。[2]」

這場會面本身就展現了面對面協作的力量，最後他們擬定「敏捷軟體開發宣言」（Manifesto for Agile Software Development，後文簡稱敏捷宣言），用簡潔文字描述具有適應性與疊代性（iterative）的新方法：

我們致力發展軟體開發的新方法，也協助他人發掘更優良的方法。

透過這樣的努力，我們已建立以下價值觀：

個人與互動重於流程與工具。

可用的軟體重於詳盡的文件。

與客戶合作重於合約協商。

回應變化重於遵循計畫。

也就是說，雖然下方項目有其價值，但我們更重視上方項目。

©2001，敏捷宣言作者

有需要者可用任何形式複製此宣言，但請務必完整複製整篇宣言與此句說明。

自二〇〇一年開始，敏捷團隊不斷增加，散布的範圍已遠遠超過矽谷軟體產業，以致於「敏捷團隊」這個詞變得有些模糊與神祕。為替讀者做好準備，本章會先解釋敏捷團隊的組成方式與運作方式，接著釐清遠距工作能否應用敏捷哲學：也就是**在工作時，優先且頻繁地使用親近的面對面互動**。雖然敏捷與遠距這兩個概念看似互相矛盾——在某些業界，這兩個概念甚至是彼此褻瀆的——事實上，我發現敏捷團隊與遠距工作意外地非常相配。接下來我們會提出實際案例，第一個要檢視的是全世界最大跨國公司之一，位於倫敦的聯合利華（Unilever），並討論我們要如何在大規模遠距敏捷團隊中，應用數位轉型策略。最後，我們會探討位於加州的中型軟體公司應用組合（AppFolio），如何應對公司突然從同一地點工作的敏捷團隊，轉變成遠距工作團隊的經驗。

敏捷團隊的構成

在敏捷團隊的構成中，最核心的原則是：以彈性方法找到最有效率的資源分配與能力分配，才能獲得競爭力優勢。團隊成員較少時，可以快速做出決策，保持高生產力；太多人與複雜的溝通管道很容易使團隊感到難以負荷，並使速度下降。多數敏捷工作的專家推薦的團隊最佳人數是五到九人。團隊中每個成員的角色都是流動的，團隊組成是跨功能性的，因此成員可以接下團隊中的任何工作。在敏捷團隊中，做決定時通常需要所有人一起參與，所以沒有「負責人」。敏捷團隊在自我組織時，會以充滿挑戰與吸引力的目標為核心，因此團隊內部會充斥著「把工作完成」的急迫性，強化動機，使團隊成員全心投入。敏捷團隊認為負責各項工作的成員具有該工作的主導權，並相信每位成員從頭到尾都可自行下判斷，因此敏捷團隊的成員具有高度自主性，必須負很高的責任[3]，並對此感到滿意。

開放、直接且頻繁的溝通，是敏捷工作法核心之一，團隊成員可藉由這樣的溝通迅速地向更大的團隊提出問題，並和主管合作，找出解決方案。由於團隊往往會在看見工作結果時迅速成長茁壯，所以敏捷團隊會利用快速實驗來尋求內部或外部顧客的反饋，並做出相應決定。由於在產品或計畫開始進行後，客戶的需求會不斷變化，所以唯有迅速產出原型品並持續與顧客協作，團隊才能更進一步確保最終產品足以為客戶帶來價值。有了這種疊代方法後，就不再需要使用詳細的事前計畫或冗長的事後記錄了。敏捷團隊的做法是一致同意要從某個版本或某個方向開始執行計畫，並預期他們將會在開發過程中逐步修改工作內容。

自從敏捷團隊這個工作形式出現以來，最明確的特性大概就是團隊成員會高頻率地見面。敏捷團隊非常知名的一個特色是每天都要開會，通常都會訂在同一個時間，在會議上每人都要和團隊簡短分享進度。雖然在不同環境中，會議頻率會有所變化，但這些會議都應該要規律且簡短——時長不得超過十五分鐘。每位團隊成員都應該要參與會議。會議的氣氛是正向的，團隊會一起確認彼此正在做哪些事、沒有在做哪些事，並決定他們要如何移除阻礙，使工作進度繼續前進。高度信任、直白的對話與負責任，對於真正的學習與創新來說是關鍵要素。

敏捷工作法往往以「工作夥伴同時出現」為前提。這句話再怎麼強調都不為過。敏捷宣言明確指出：「在開發團隊中，最有效率、效果最好的傳遞訊息方法，就是面對面對話。[4]」他們之所以會認為面對面溝通能使團隊變得更敏捷，是因為這種溝通方式能避免過多文字帶來的困惑與經常性開銷。[5]團隊成員若每天都能頻繁進行面對面接觸的話，就能更快確認進度、矯正錯誤與建立連結。敏捷工作法並不鼓勵團隊像瀑布法一樣草擬文件，這是因為草擬文件會花額外時間，往往會成為冗餘資訊，而且閱讀者可能會因作者無法在場澄清而誤解內容。面對面溝通一直以來都被敏捷工作法視為圭臬[6]，這種即時反覆對話的協作方式，能當場破除任何誤解。

乍看之下，敏捷工作法的這些關鍵特質，似乎無法運用在分散式團隊或遠距工作者身上。不過，各位將會在本章後半段看到，已經有跨國分散式團隊與遠距工作者在採用敏捷工作法後獲得非常大的成功——就連原本同地點工作的敏捷團隊在新冠肺炎肆虐後突然轉為在家工作，都能成功應用敏捷工作法。請遠距團隊和主管們振作精神，畢竟就連如此高度依賴每日同一地點開會的方法，都能在轉為遠距工作後取得成功，可見沒有什麼事是注定在採行遠距工作後失敗的。

不只軟體業可應用

敏捷宣言始於軟體開發業，但在那之後，世界各地的產品循環越來越短，資訊也越來越充足。雖然在敏捷工作法出現的時代，整個環境有很大一部分是由迅速開發的數位科技形塑而成，但這個方法的重點不在於特定工具或行業。敏捷工作法的重點在於**團隊要如何在一個特定環境中工作**。敏捷工作法提供的工具、架構與流程可以應用的範圍，遠超過軟體開發與技術團隊。我們可以花點時間檢視一些範例，包括一家玩具製造商、一支研發團隊、一個廣播節目與兩家銀行如何在採用敏捷工作法的不同特性之後，獲得正向成果。

玩具製造商樂高（LEGO）採用敏捷工作法的原因，是想要增加公司產品開發流程的能見度。首先，該公司組成多支產品團隊，讓團隊採用具有自組織性與自主性的 scrum 工作法*，透過疊代來學習。接著，其中幾個團隊必須要每八周開一次會，簡報工作狀況、鍛鍊獨立性、評估風險並為下一次的產品發布時間訂定計畫。最後，樂高為高階主管[7]與利害關係人創造一個敏捷階層，確保這些團隊的工作符合長期商業目標。開發者可管理自己的工作，也可以為產品發行狀況提供更準確的預測。敏捷工作法為樂高帶來更容易預測、也更正向的成果。

3M是一家橫跨不同產業的國際企業集團，該集團的研究與研發團隊必須持續想像、創造、製作原型並改進創新的產品開發方式。每一個步驟都必須耗費許多時間。當3M為新的產品開發採用 scrum 架構時，該公司調整會議頻率與記錄步驟，也採用其他敏捷方法來配合研究人員的需求。這些改變使研究人員在嚴格的委任計畫期限與創新所需的彈性間取得平衡。他們心懷可修正的期望，把計畫分解成較小步驟。團隊因此能以較低的壓力與較高的效率，完成更多工作[8]。

無論在哪一個行業中，都必須在執行敏捷工作法的所有階段時，把終端顧客的需求放在核心位置。我們的目標是確保最後的產品或服務能提供價值。敏捷團隊會用終端客戶使用的語言，把他們的工作寫成「故事」，回答以下問題：**這項工作是為誰完成的**？**我們希望完成什麼目標**？**為什麼客戶想要我們完成這個目標**？當敏捷團隊持續分享與反饋循環，獲得更多與下一組故事相關的資訊時，他們將能根據客戶的需求與期望把焦點放在打造產品上，如此一來，團隊將不再需要對產品銷售進行猜測或理論上的預測。

美國公共廣播電臺（National Public Radio）利用敏捷工作法的這個特性，以

＊敏捷產品管理大師傑夫．薩瑟蘭與軟體開發工程師肯．施瓦布（Ken Schwaber）共同提出的工作法，強調團隊應採取扁平式合作並保持高效能與高彈性。

較低的支出與風險催生出新節目。過去公共廣播電台曾在缺乏相關數據能預測節目是否成功的狀況下，花費大筆經費推出新節目。在採用敏捷工作法後，該電台改將小型試播集分散到旗下不同電台播出。該電台的團隊會蒐集地方電台節目負責人與聽眾所提供的回饋，迅速決定特定節目會成功還是失敗。公共廣播電台透過這個方法[9]繼續發展較符合聽眾口味的試播集，並把聽眾沒那麼喜歡的試播集直接取消，不但省下高額支出，也增加聽眾人數。

桑坦德銀行（Santander）的行銷團隊，試著用實驗性方法從銀行的數據中創造出新價值。該行沒有採用由分行進行長期行銷循環的舊方法，而是花了兩周衝刺期，進行規模較小、風險較低的行銷活動。該行立刻分辨出哪些行銷活動是成功的。這些新資訊協助銀行在特定時間、用特定內容來接觸顧客。近期的一次調查顯示，顧客忠誠度提升一二％，滿意度提升一〇％。銀行的淨推薦值[10]（Net Promoter Score）達到十七年以來新高。

荷蘭國際集團（Internationale Nederlanden Groep）為縮短行銷時間、改善顧客體驗與加強營運與數位金融的能力而採用敏捷工作法。該集團對位於荷蘭的總部進行顛覆性的重建，在過程中刪減二五%的員工。敏捷方法必須依賴跨領域且自主的小型「小組」，一旦服務了顧客後，就必須從頭到尾都對這位顧客負責。荷蘭國際集團採用敏捷工作法後，加快服務速度、打破組織的狹隘視野、顯著減少移交次數，也增加員工的滿意度[11]。

我們可從這些適應與採用敏捷工作法的案例中得知，敏捷工作法已從相對狹隘的軟體開發者世界，擴散到各行業的當代商業管理部門中。在每個案例中，績效結果能出現增長，都是因為敏捷團隊具有人數少、自主性高、自組織性高與跨功能的特性，同時團隊成員必須頻繁與其他成員面對面協作。但自從敏捷宣言在二〇〇一年撰寫而成後，世界已經出現很大改變。面對面協作並不總是可行，有時甚至是不被期望的。分散在全球各地的客戶，已迫使許多敏捷團隊開始跨國進行線上協作。

如今的挑戰，在於敏捷團隊能否在無須面對面互動的狀況下，保持敏捷。換句話說，現今的團隊要如何協調敏捷團隊與遠距團隊各自的方法與需求，同時解決遠距團隊的信任與溝通問題？

接下來，我將說明要如何做到這點。

聯合利華的數位轉型敏捷團隊

組織不是一艘巨大戰艦，反而比較像是一支小型快艇艦隊……一種有機的、活生生的高效能團隊網路。

——史蒂芬·丹寧（Stephen Denning），《敏捷年代》（*Age of Agile*）作者

自二〇一七年開始，拉胡爾·威爾德（Rahul Welde）便一直致力推動三百多個敏捷團隊在多個時區遠距運行，由於這些團隊橫跨太多個時區，所以在舉行員工大會時，他總是會以著名的「早安、午安、晚安」為開頭。聯合利華是一家總公司位於倫敦的跨國消費品公司，一開始，公司在消費者行銷部門使用開創性的敏捷工作法，該部門的團隊重新改組，變得自主性高且具有「權力、協作能力與敏捷性」，這個工作法很快就演變成適合更大型組織的工作模式。聯合利華的數位轉型執行副總裁威爾德是一名老員工，已經在集團中工作二十九年，他認為看似互相抵觸的敏捷工作法與遠距工作可以結合在一起，而且對於這個正在執行數位轉型策略的集團

來說，這兩個工作方法是必要的。聯合利華採用的方法，證明敏捷團隊有能力可進行全球化的遠距工作，也可以大規模運行。除此之外，威爾德也發現敏捷與遠距的結合，代表的其實是**數位與全球**的結合。

全球化—在地化的相互作用

聯合利華在全球一百九十個國家中銷售四百多個品牌，該公司依靠遠距工作已經好幾十年了，為觸及分布範圍極廣的多重市場，該公司的跨國組織是圍繞在分散式團隊架構上建立而成的。對一家製造與銷售家用品——旗下的品牌從多芬肥皂（Dove）到麥格農冰棒（Magnum）應有盡有——的跨國公司來說，成功的定義來自「於在地市場的獨特性與全球規模的運行之間，取得謹慎平衡」。

正如威爾德所說：「我們的消費者從本質上來說非常在地……雖然我們有一個通用的工作架構，但依然必須在特定品牌或特定地區活用這種架構。舉例來說，我們在中國做的事和在美國做的事有很大差別；而我們在英國做的事也和中國與美國有所不同。此外，我們為多芬這個牌子做的事，也會和為立頓（Lipton）或麥格農冰棒做的事有所不同。」

威爾德告訴我，為滿足順利運行的必要條件，他致力於建立「全球在地化」（glocally）的新工作方法，使用雲端運算與大數據等數位科技，來和在地市場發展出良好關係。我曾有幸花一些時間聽威爾德談論他的願景，後來又曾在許多場合上和他促膝長談，我很快就看出來，他是非常特別的領導者，他有能力看遠與看近，快思與慢想，而且有勇氣為了全球顧客的利益，在公司中全面執行敏捷工作法。

無論如何，消費商品都是全球性的行為。真正的銷售點是在地化的，必須取決於產品在進入城市、送進商店並放入貨架之前的最後一哩路。成果導向的敏捷團隊若是以具有疊代性、自主性與遠距性的方式工作的話，就能聚焦在最後一里路的特殊需求上，同時利用公司的跨國數位能力引導團隊工作。威爾德意識到，數位科技能推動這種在地魔法與全球規模之間的相互作用，而這種相互作用，正是遠距敏捷團隊能提供的關鍵要素。

對於思科公司和甲骨文公司這類必須依賴敏捷方法開發產品的科技新創公司來說，全球化代表的是公司會自然而然地向外增長。對已經成立九十年的聯合利華來說，該公司的「謀生工具」並不是應用程式或軟體，而是真真正正的「工具」，其道路與科技新創公司相反：聯合利華必須找出辦法，把數量龐大且分布廣泛的全球業務帶入數位世代。這個重大任務有三個向量，第一個向量是**科技**，也就是提供更多能力的工具。第二個向量則是**流程**，公司必須依靠這個關鍵能力，來學習更改結構並適應新科技與工具。最後一個最重要的向量則是**人**，聯合利華提供的商品必須要由人來消耗——包括體驗肥皂的香氛、品嚐冰淇淋或喝茶，而真正把這些商品從構想化為真實的也是人。敏捷工作法能一次滿足這三個向量——強調數位科技、疊代流程與親近協作。

聯合利華為適應數位科技而做的轉型，推動公司採用敏捷團隊。最令人震驚的是，這些創新帶來的協同效益，使這家龐大而傳統的跨國公司，得以弭平全球化與在地化之間的差異。

應用組合公司：天生敏捷

應用組合公司和聯合利華不一樣，應用組合天生就是一家數位化的公司。[12]該公司在創建目標中，把這個價值觀寫得很清楚：開發軟體以幫助特定的產業——如不動產——轉型進入數位年代。這家公司的第一個產品，就是為房地產管理人設計解決各種問題的軟體。大致上來說，應用組合公司從創立以來就一直遵守敏捷宣言的正統觀念。應用組合的工程部主管艾瑞克・霍金斯（Eric Hawkins），把公司的成功歸功於公司的敏捷團隊結構。公司其中一個價值觀是：「傑出的人，創造傑出的公司。」霍金斯相信，專注的小型團隊能保持敏捷。

我第一次對應用組合公司感興趣，是因為同事保羅・李奧納迪。他現在是加州大學聖塔芭芭拉分校的科技管理與工程系教授，他認識應用組合公司中的多個團隊，也認識該公司其中一位創辦人克勞斯・薛瑟（Klaus Schauser）。薛瑟是加州大學聖塔芭芭拉分校的前任電腦科學教授，在二〇〇六年和科技公司的創業老手喬恩・沃克（Jon Walker）一起成立應用組合公司。

薛瑟和沃克注意到現在的企業正在轉型進入數位時代，需要創新軟體的協助，他們因此受到啟發，決定創辦一間公司，並使用持續疊代的敏捷工作哲學達到他們的目標。他們以數支敏捷團隊為核心創立這家小公司，進行從軟體開發到行銷等各種專案式工作。他們的公司在過去十四年來，一直不斷思考哪種工作模式能最有效率地設計與使用敏捷團隊。

每支敏捷團隊的成員都是一位產品經理、一位設計師、一位品管工程師和數位全端軟體工程師。全端軟體工程師可在開發流程中擔任任何一種角色，也可依照特定計畫的需求進入不同團隊中。產品經理的工作會橫跨兩個團隊，受到各團隊的產品領導監督。每支團隊都保有自主性，可選擇想進行什麼計畫，他們選擇計畫的方式是進行沉浸式的面對面腦力激盪。公司不會指派團隊完成精確的工作，而是告知團隊一個模糊的總體問題，並讓他們自由疊代開發、在過程中隨機應變，並從中發展出屬於自己的解決方案。應用組合公司的敏捷團隊因此變得更有動力、更迅速並與顧客保持更緊密的連結。這種自主性，也是在招募人才時的關鍵條件：由於最優秀的人才原本可選擇加入谷歌等更大的公司，所以敏捷團隊提供的誘因是讓人才有機會能在小型敏捷團隊中，自行選擇想挑戰的技術問題。

他們遵循敏捷宣言，每天早上都舉辦「站立會議」（stand-up meeting）：一場面對面的短暫會議，團隊領導者會請每位成員告知工作進度。如同霍金斯所說：

「我們相信面對面對話，是所有溝通中頻寬最大的一種。我們可藉由面對面溝通，達到敏捷開發需要的迅速決策。」霍金斯負責監督六支敏捷團隊，他每周還會另和二十五個員工分別進行一對一會議。為鼓勵合作關係，他常把會議移到戶外，和員工一起在加州陽光下肩並肩散步，而非一起對坐在室內的會議桌前。

霍金斯往往會為了貫徹敏捷精神而完整運用工程師的全端能力，時常讓他們進入不同團隊，確保每個團隊中的員工組合，適合該團隊的特定目標。員工在不同團隊切換的過程中，會逐漸認識彼此，增加在應用組合公司中熟識的人。最後，在聖塔巴巴拉總部工作的團隊們全都彼此認識，他們組成互聯網路，而總部則成了一個能開放接納各種概念、員工也可自由流動的空間，鼓勵團隊像異花授粉般交換構想。應用組合公司的使用者體驗設計師克雷頓・泰勒（Clayton Taylor）認為公司正是因此才能成功運用敏捷工作法：「在同一個地點工作，能讓所有人都至少大概瞭解現在正在進行什麼計畫。近距離工作讓我們能自然而然地知道這些事。」舉例來說，如果泰勒的團隊正在尋找外部建議，他可以走到數英呎外，找他在上次敏捷團隊認識的幾位同事提供意見。他們往往會在工作結束後約出去喝酒，繼續討論工作時曾提到的話題。

霍金斯把應用組合辦公室中的協作氣氛稱作「中斷驅動」（interrupt-driven），身為領導者，他應該要隨時在場，但不需過度干涉——他應該要在同事有需要時隨時提供協助，但除此之外不得插手。霍金斯很珍惜在辦公室見到同事的機會。他信奉大門敞開政策，任何人都可隨時走到他桌前提出問題或尋求協助。他認為自己的工作，是每次有團隊來找他時都提供即時回覆，這種回覆也是一種疊代的流程。

當應用組合公司轉為遠距

二〇二〇年，應用組合公司就像世界各地許多公司一樣，整體生存方式都出現突然且劇烈的改變。新冠肺炎迫使美國在一夜之間封城，應用組合公司被迫在轉眼間轉變成遠距工作模式，對公司的面對面敏捷團隊工作法帶來直接的挑戰。雖然霍金斯和其團隊一開始用樂觀態度迎向挑戰，但第一周的遠距工作立刻帶來重大損失。霍金斯說：「我們立刻投身到工作中。一開始，團隊充滿熱誠與能量。人們會說：『對，我們要完成這件事。我們要全部人一起合作。我們要在家工作，繼續前進。』到了那周的尾聲，我累壞了，整個人筋疲力竭。第二周一開始，我問其他人感覺如何，他們說：『喔，天啊，視訊會議一個接一個，我不知道還能撐多久。』」

霍金司立刻意識到，他們並沒有把過去習慣的協作方式，好好轉變成線上合作方式。在應用組合公司原本的敏捷團隊協作中，霍金斯稱作「中斷驅動」的協作方法所需的條件，在一夕間統統消失無蹤。他們再也不能在問題出現時，立刻聚在一起進行簡單對話。公司的辦公室是基於霍金斯所謂的「零摩擦」工作流程而建立的，如今每個人開會時都待在自家，在新的遠距條件下工作。視訊會議，取代陽光下的漫步。

應用組合公司的敏捷團隊在同一個辦公室工作時，能順應不正式互動的自然節奏，逐漸成長茁壯。正如泰勒指出的，敏捷團隊必須透過組織性意見交換，達到隨機應變與創新的自由，而協作對於這種自由而言是關鍵要素。團隊成員可能會在閒談到網飛影集後接著聊到新計畫，因而開始進行認真的腦力激盪。但在線上工作模式中，他們無法達到這種自然而然的節奏。人們的互動受到限制，只能在每天的不特定時間進行文字、音訊與視訊的互動。在辦公室面對面溝通時非常重要的閒聊和非口語訊號（如手勢或表情），全都在轉變工作模式過程中消失。

霍金斯注意到非口語訊號的消失，使團隊成員更難確認何時該發言、何時該聆聽，因此他們常會不經意搶話，導致線上會議感覺好像有很多人一樣。另一方面，一對一線上會議則容易使人覺得呆板不自然——完全和他們還在聖塔芭芭拉的總部一起工作時，到戶外隨性散步的感覺徹底相反。

離開辦公室工作的頭兩個禮拜非常難熬。不過，應用組合公司最後還是找到適合遠距團隊的敏捷工作模式。他們的團隊意識到，以某些案子而言，在家工作其實能帶來顯著好處。他們做出的轉變，證明為什麼許多人在可選擇的狀況下，會比較希望能**混合在家遠距工作與通勤到辦公室工作**這兩種工作模式。

我們可從應用組合公司轉變成遠距工作的範例中觀察到，雖然從最初的原則上來看，敏捷工作法與遠距工作應該不能共存，但事實並非如此。從許多方面來說，敏捷團隊可在改變部分執行方法的同時，依然維持敏捷宣言精神。霍金斯承認，在他的團隊的每周工作中，大約只有一〇%到二〇%是真正需要協作的，其他都是成員可單獨完成、需要專注的工作。霍金斯訝異地發現，如今少了同地點工作時因近距離相處而導致的分心，成員們在執行需要專注的工作時，效率與生產力都大幅提升。他因此開始思考，雖然遠距工作使團隊失去行之有年的協作活動，並因此帶來一些損失，但或許遠距工作的優點，能夠勝過這些損失。

在轉變成遠距工作時，降低衝擊

我發現在轉變成遠距工作前，就已經訂定個人溝通常規或其他共同工作常規的團隊，通常能比較順利地轉變成遠距團隊。舉例來說，有支敏捷團隊的成員們之前在同地點工作時就講好，當有人戴著耳機，就各自尊重其他人的做法，所以其中一位成員告訴其他人，如果需要找他，「只要拍拍我的肩膀就好。」另一位成員則說，他比較希望其他人能在打斷他的工作前，「先用 Slack 傳訊息給我，我會判斷能不能停下手邊的事」。這個團隊依照每個人的需求建立了舒適的常規，當他們需要轉變成遠距工作時，就能清楚知道在家工作時，採用什麼方式來安排工作或溝通，能達到最好效果。

有些團隊原本就會運用數位平台，在某些成員同地點工作、某些成員遠距工作時舉辦線上會議，這樣的團隊也較容易順利轉變為多數人都遠距工作的模式。舉例來說，一家總部位於美國的跨國公司，長久以來都會在大型開發團隊需要開會時，安排特定會議室給團隊使用。雖然這家公司表面上看起來是所有人都在同一地點工作，但實際上約有三〇％的員工其實是遠距工作——有可能是因為這些成員在不同州或不同國家的辦公室，也可能是因為那一天需要在家等水管工人等私人原因——這些遠距工作的同事在開會時，必須撥線上電話到開會的那間特定會議室。由於要使用會議室的人很多，所以團隊常會因會議室排程的限制，在最後一分鐘改變開會地點，導致遠距團隊成員常在登入時遇到科技問題。

不過在疫情封城前不久，敏捷團隊改採用另一家公司的內部社交媒體平台，該平台能整合客戶與同事的電子郵件與電話號碼。團隊在使用這個平台時，可讓遠距工作者直接線上撥號到特定號碼，而不用撥號到特定地點，排除先前提到的科技問題，且由於他們已經設立規畫會議的常規，所以轉變為完全遠距工作的過程時相對輕鬆許多。團隊已經做好心理準備，可從每次開會都要安排特定地點（會議室），轉變成在特定時間用線上電話溝通。

最適合遠距敏捷團隊的方式

在研究了許多新舊遠距敏捷團隊後，我發現有五個執行方法，能使團隊夥伴們在從事遠距工作的過程中，產生高生產力的協作能量並維持下去。在這五個執行方法中，遠距工作的有益特質，如效率與速度，不但能和敏捷工作法共存，甚至還能完全相容。遠距敏捷團隊與同地點工作的敏捷團隊相比絲毫不遜色。在某些案例中，不在同一間辦公室面對面工作的團隊，甚至可在適當調整後，把敏捷原則應用得更加淋漓盡致。

獨自準備，共同結束

在遠距模式中採用敏捷工作法，需要團隊成員做出轉變，從原本的持續協作轉變成混合工作模式，並在依照個人時程進行工作的同時，搭配即時協作。也就是說，遠距工作需要團隊成員非同步地進行每項工作，如此一來才能使面對面時的自發性協作敏捷流程變得比較順暢。當我們遇到原先面對面工作可立刻解決的問題時，可先花一點時間預先處理這個問題，或預先思考問題內容，這點至關重要。在線上會議前先寄出簡單議程，或在開會前先請成員們仔細思考關鍵議題，這類方法將能幫助團隊依照敏捷工作法，將會議維持得簡短又有效率。

線上會議的平台，無法提供即時腦力激盪所需的條件。因此，對遠距敏捷工作法的協作來說，請團隊成員在眾人一起腦力激盪前先簡單寫下想法，是很重要的轉變。在提出構想時，團隊可先使用習慣的非同步溝通工具。舉例來說，在舉辦即時線上會議前，成員們可用電子郵件、公司內部社群媒體或共享文件來編輯構想，讓其他成員可閱讀與評論。在實際開會時，成員可立刻開始評估某些構想，或開門見山地處理需要解決的問題，而不必在剛開始開會時，就把寶貴時間花在提出構想或解決方案上。

共享文件的腦力激盪

值得注意的是，許多團隊成員表示，當敏捷團隊的對話從面對面溝通轉變成遠距溝通時，這些線上安排會使團隊比過去在同地點工作時，更接近敏捷工作法。團隊在使用Google文件等非同步協作工具時，可以在無需「護欄」（guardrail），也就是在沒有同地點工作的傳統限制下，持續進行疊代開發的構想。當成員有新構想時，他們無需在實體會議室開會期間，等待適當時機提出這個話題；也不用等到同事比較不忙才討論，他們可以直接在共享文件上提出意見或評論。因此，遠距敏捷工作法需要團隊成員專注地和不斷疊代改良的文件互動，相較於同地點工作時非正式地聚集在白板前開會，遠距工作反而更符合敏捷工作法的論述，畢竟寫在白板上的內容只能用照片留存，無法像文件一樣儲存下來供下次開會使用。

對管理階層而言，這個方法在提出構想與推動團隊迅速決策時特別有用。如果你有一個希望團隊成員能同意的構想的話，可以把構想寫成一份簡短的非正式文件，和團隊分享，接著請成員以非同步的方式提出評論。換句話說，讓團隊成員在工作時間瞭解這個構想，自然地彼此交流。管理階層在確認每人都有機會投入精力與提出評論後，便可召集舉行線上會議，討論對於這個構想還有沒有其他疑慮或最終意見。由於每人都有機會用文字這種能永久保存的方式針對構想彼此溝通，所以在最後做決定時，會比同地點團隊在會議上討論，要容易得多。

會議線上化

同地點敏捷團隊的支柱，是每天舉行的站立會議。同地點團隊的習慣，是由其中一人在站立會議中陳述自己的工作，其他成員則會在有新想法時提出。團隊成員會在每人陳述工作的過程中，直接提出想法。當每個人都坐在同一間辦公室時，我們可依賴成員閱讀社交訊號的能力，大家會知道其他人何時即將發言，所以這種方法是有效率的。不過，這套方法很顯然無法套用在線上會議中。

遠距團隊必須在每日站立會議中使用新的溝通方式。我們需要更加協調。其中一種方法是讓每人都有一段時間能暢所欲言，其他人不能插話打斷，直到原本說話的人把話語權交給下一位。使用這個方法能解決人們在不經意間打斷別人的問題，也能避免團隊成員迷失在試圖判斷根本無從判斷的會議氛圍。

人數多達九或十人的敏捷團隊在遠距工作時很容易遇到的一個問題是，該如何使用科技提供簡單的發聲管道。在遠距溝通時，很難容許多達十個人不停打斷對方或同時說話。在計畫早期減少線上會議的人數，能幫助團隊進行聚焦溝通。若能選擇職能不同的少數人組成一支較小團隊來進行會議，將能提高決策速度，舉例來說，找一位工程師、一位專案管理人和一位設計師參加會議。等到這個較小團隊達到初步共識後，可以再增添成員，為團隊帶來更多見解與能量。

我們可使線上會議，比面對面會議更有效率。雖然敏捷工作法嚴格規定每日會議必須維持在十五分鐘左右，但在現實生活中很難做到這點。「每日站立會議」的目的，是讓每個成員都有兩到三分鐘時間報告進度，因此，如果一個團隊中有六名成員，應該要在十二到十八分鐘之內結束會議才是最佳狀態。但我們可能會把時間花在等待會議室中的上一組人離開、為電腦插電、拔掉電源及會議後的閒聊上。等到一切都結束之後，你會發現會議時間並不是十五分鐘，而是將近三十分鐘。

不過，線上會議能解決上述提到的麻煩。如果在團隊成員到齊前就已經「進入」線上會議，就可趁這時處理簡單的雜務，如查看電子郵件。在線上會議結束後，回到原本進行的工作也相對較容易，這是因為只要登出應用程式就好，不需從會議室走回座位。

有兩種在面對面會議時不太可能使用的數位工具，使線上會議的好處突顯。第一個是線上白板，這個工具出現在螢幕上時，遠比實體會議室中的白板還要好閱讀得多，因為如果在會議室中的位置剛好位於奇怪角度，可能會看不見白板。第二個工具是分享螢幕，也就是讓某個成員把自己的電腦畫面切換到其他成員的螢幕上——這個方法遠比在辦公室中越過同事肩膀看他們桌上的電腦，還要有效率多了。

設立數位常規

遠距團隊必須設立規範，指明哪一個數位連絡平台，最適合哪一種特定形式的溝通。舉例來說，電子郵件或許最適合用來傳達正式、但不緊急的要求，而手機即時訊息應用程式則比較適合較不正式、但比較緊急的要求。

電話可以用來進行快速的確認。雖然有些辦公室的環境對團隊成員來說可以迅速進行一對一溝通或會議，但並不是所有同地點工作的敏捷團隊，都在那麼合適的環境裡工作。當人們必須因計畫需求而在不同團隊間切換時尤其如此，團隊成員的位置可能會在走廊頭尾兩端。在數十年前，遠在手機發明之前，員工會使用公司的桌上型電話連絡兩層樓之上或三層樓之下的同事，確認工作事項。數位科技發展了聊天室與即時訊息等不正式的溝通方式，於是人們不再需要走過長長的走廊，只為敲敲某個人的辦公室門，確認一個不正式的工作事項。

在遠距工作團隊中，我們會在需要確認工作時，使用個人手機打電話給團隊成員，用這個方式取代同地點工作時到對方的辦公桌前對話，而比較費力也較慢的文字溝通則再次降級，只會用在不太需要討論或完全不需討論的工作事項。對家中有年幼孩子的在家工作者來說尤其如此，當他們坐在電腦螢幕前，戴著抗噪耳機時，迅速又即時的電話，往往是最輕鬆的選項。

我們在辦公室工作時，只有在標準的工作時間才能面對面溝通，而線上溝通則可發生在一天中的任何一個時段，無論日夜，所以管理階層必須針對溝通（以及更重要的「何時不准溝通」）設立規範，如此一來才能在工作責任與非工作責任之間設立界線。

徵求匿名回饋

在敏捷團隊的協作中，最重要的就是坦白、信任且真誠的溝通。成員應該要彼此交談，而非直接向上層管理者提出意見。敏捷工作團隊在每個工作階段完成時，都必須進行回顧檢討。在檢討期間，成員可以匿名寫下便條紙，貼在辦公室的一面特定牆上，指出他們覺得這段工作經驗中有哪些地方覺得很喜歡、哪些不喜歡以及哪些事值得慶祝。

不過，就連關係緊密又在同地點工作的團隊，都不見得能輕而易舉地進行坦白、信任且真誠的溝通，對遠距工作、規模較大、人數較多或以上三者皆有的敏捷團隊來說就更困難了。但針對團隊的進度與狀況提出不間斷的回饋與真誠溝通，依然是至關重要的一環。在遠距團隊中，領導者可利用互動工具來即時蒐集成員的工作表現數據。舉例來說，可讓團隊成員在線上會議中以匿名方式，針對討論的話題提出問題、想法或疑慮。與此同時，團隊領導者可藉以匿名調查，確認同事們的意見。

數位工具的匿名性能使評論變得特別真誠，而真誠的評論則能幫助團隊從錯誤中學習與進步，不需害怕他人反彈。若有成員對某個特定議題感到不高興，可透過各種投票表達擔憂。也可在會議中播放匿名回應組成的文字雲，藉此刺激對話或徵求立即回饋。這些數位工具，能帶來許多面對面溝通時無法獲得的機會。人們在團隊中時，往往會不太確定自己是否該提出未經修改的想法或評論。但在遠距敏捷團隊協作時，不僅可對團隊生產力給予即時回饋，也能對部門層級的生產力進行分析。

就算是沒有在同一間辦公室面對面工作的團隊，也可採用敏捷工作法的原則。傳統上來說，敏捷工作法的核心條件是同地點工作的小型團隊，這個團隊最好可每天進行簡短會議，每人都要在會議上報告目前為止的進度、在出現問題時進行討論，並在接下來的步驟中彼此協作。跨國公司是最早注意到敏捷團隊能應用在遠距工作上的組織之一，他們已經成功在分散式團隊中，大規模使用敏捷團隊的工作方法與哲學。只要有適當調整，許多遠距敏捷團隊，其實表現絲毫不遜色於同地點的敏捷團隊。

行動指南：遠距敏捷團隊

- **以非同步方式，為線上會議做準備。**開會前預先使用電子郵件或群組文件進行腦力激盪，能引導出自發性的協作。由於每人都有機會用文字這種能永久保存的方式針對構想彼此溝通，所以在最後做決定時，會比同地點團隊在會議上討論還要容易得多。
- **仔細安排每日會議，或經常性會議。**請讓每個人都有一段時間能暢所欲言，其他人不能插話打斷，直到原本說話的人把話語權交給下一位。我們可以先選擇職能不同的少數人組成一個較小團隊進行初期會議，之後再帶進更多人組成較大的團隊，做更多討論。
- **利用線上會議獨有的優勢。**讓每一位團隊成員都能控制自己的非同步工作時間，這麼做能為團隊帶來幫助。使用線上白板與切換螢幕畫面來分享資訊，增加效率。

- **頻繁地啟動與重新啟動步驟，至關重要。**（正如我們在第一章提過的）由於遠距團隊成員必須依賴電話、電子郵件、簡訊或視訊會議等數位方式進行溝通，所以成員需要付出努力才能保持連絡，因此團隊需針對何時能使用何種溝通方式，設立常規。
- **協作時，使用數位工具來維持連續性。**使用數位工具來溝通的團隊，可記錄工作輸出過程，這一點和聚在白板或飲水機前開會的團隊有所不同。遠距團隊的工作輸出資訊不僅不會消失無蹤，還可在之後的團隊工作中調整、改善或重新檢視先前儲存的文件。

第六章

我的跨國團隊要如何克服差異，邁向成功？

Remote Work Revolution

如果你在成長過程中受北美文化薰陶，很可能從小就被教導要在溝通時進行眼神接觸，因為這麼做能讓人覺得你既自信又坦誠。如果你是在別的國家長大的，可能會覺得直接眼神接觸既沒有禮貌，又帶有一絲威脅性，尤其當不太熟識對方時。當在這兩種不同文化背景下成長的團隊成員一起工作時，來自北美的同仁可能會在不經意間，使另一位同仁覺得不太舒服。而不習慣直接眼神接觸的同仁，可能會在不經意間被另一位同仁認為沒有用心參與計畫，但事實並非如此。這還只是一個小小例子而已，文化差異還能以許多種不同方式，影響跨國團隊的工作。我們用什麼方式問候彼此、達成協議、做決定或對主管說話等種種行為，全都取決於文化常規；而文化常規的差異，又來自我們身處何地。

遠距跨國團隊成員間，必定會有文化差異。正如在第二章討論過的，我們如何看待自己，與他人如何看待我們之間會產生相互作用，而這種不斷變動的相互作用又會影響你我的行為與情緒。當我們的想法和周遭人的想法相近，我們對自己的看法（眼神接觸能表達自信）與他人對我們的看法（眼神接觸充滿威脅）比較容易相符；不過，當一起工作的跨國團隊中含括許多來自不同文化背景的成員時，這件事將會變成一個不可能的任務。人們在互動過程中，會不斷發出訊號，表現出我們覺得其他人應該如何看待自己。有些人預期團隊成員能把自己視為領導者，他們可能會引導長期共事的同事提供更多協助、時常提起自己的技能與經歷，並以比較不正式的方式掌控團隊進度。全球化的本質就包含了文化差異，在全球化的環境中找到適合的方法，改變與平衡我們對自身的看法與他人對我們的看法，是一個非常重大的挑戰。如果不去面對文化差異，團隊可能會因此士氣大減、信任程度驟降、出現紛爭且績效降低。

常有組織會使用一些鼓舞人心的格言或每年舉辦慶祝活動，把這些事物當成補救文化問題的良方。雖然這些的確很重要，但並不能解決跨國分散式團隊，由於成員來自多個不同國家而導致的日常問題。光是避免不敏感的言論或行動是不夠的，我們必須持續地以互信與理解為基礎，建立積極且正向的共同根基。背誦各個文化的「可以與不可以」清單並不會解決問題，因為這種清單會限制自己理解他人的方式，也會令自己立刻產生刻板印象。並不是來自同一文化的所有人，都抱持同一套價值觀或行事準則。團隊必須做到更進一步地理解其他成員，如何看待這個世界，與自己的行為。

各位將會在本章中學到如何進行更深入的挖掘，使自己與團隊中的每個人都能跨越文化差異，彼此合作。首先，為理解語言與文化差異會對跨國分散式團隊造成多廣泛的問題，我們要先以較全面的視角，來觀察陷入困境的塔里克．可汗，他是一家跨國公司泰克石化公司的新任主管*，手下員工多元性極高，所說的語言多達十八種。他們在各方各面都出現十分棘手的慢性問題。接下來，各位將會瞭解社會學家所說的心理距離過去有何歷史、未來可能會帶來何種後果，這是跨國團隊必須解決的問題根源之一。然後，我將敘述可汗如何把頻繁爭論又績效極低的跨國團隊導回正軌。本章最後一部分會針對我和跨國團隊領導者合作時，常使用的緩解行動與方法，進行更廣泛的討論。

＊此案例中的人名與公司名皆為虛構。

二十七個國家、十八種語言、一支失敗團隊

這天傍晚，塔里克·可汗在泰克石化公司[1]位於杜拜的辦公室中開會，坐在會議桌對面的是三位高階主管，他們已經花了十六小時，爭論公司的全球業務與行銷團隊為何會遭遇災難性的失敗。不久前，可汗剛接下泰克石化公司提供的工作機會，進入這家公司，領導一支大型跨國分散式團隊。該團隊有六十八位成員，分別來自二十七個國家，使用多達十八種語言（包括各種方言），年齡落在二十二到六十一歲之間。獲得這個工作機會，證明可汗在前一個職位上展現出極優異的領導潛力。

不過，這份工作的風險很高，可汗最後的成功機率並不大。在短短兩年間，這支團隊的營業利益率已從六一%下滑到四八%；淨利則從四千六百萬下跌到三千五百萬；市占率則從二七%下降至二二%；員工滿意度也從六八%驟跌到三六%。這支團隊的前一位經理人蒙羞辭職，他離開前曾慎重地對可汗說：「塔里克，聽好了，我老實告訴你，這支團隊的狀況已經失控。這個工作毀了我的名聲，

所以我別無選擇，只能離開。如果我是你，我會在接下這個職位前三思而後行。」

在杜拜辦公室開會的這天晚上，可汗看著這些資深主管討論，心中迴盪著前任經理的不祥話語。這三位主管是蘇尼爾、拉斯與拉馬桑，可汗在安排這場時長一整天的會議時，原以為能從他們身上得到答案，但他們提出的理論卻互相矛盾，反而帶出更多疑問。

從可汗在這天早上踏進會議室那一刻開始，就明顯感覺到這三人彼此不和。在談到團隊的表現為什麼會急劇下降時，每位主管都各有一套解釋。蘇尼爾是在黎巴嫩工作的印度人，他認為主要原因是團隊沒有準確預估近期的現金流，又說油價上漲對團隊的利潤帶來很大壓力。來自瑞典的僑民拉斯則提出強烈反對，他以控訴口吻把問題責怪在糟糕的品牌行銷上，他說消費者因為這種行銷方式而感到困惑，接著又指出由於公司先前沒有把貨物如期寄送給伊朗與葉門的合作夥伴，導致公司與這兩方的關係變得緊張。

蘇尼爾表現得好像完全沒聽到拉斯說的話一樣，他改變話題，開始批評團隊的薪資結構。他指出薪水中的可變動部分取決於銷售的數量與收入，而非盈餘或利潤。所以當價格上漲時，業務部的員工只要銷售少量商品就能達到目標的收入數字，但銷售成本卻依然不斷上升，導致利潤受到擠壓。

這些主管太想贏得爭論並把責任怪在其他同事頭上，可汗甚至覺得他們大概已經忘了自己的存在，想必他們更不會記得原本的工作重點是什麼。拉馬桑來自哈薩克，他原本一直保持沉默，現在也開始加入戰場，針對團隊為何會出現問題，提出見解。他說團隊把全球銷售目標分割成好幾個區域目標，接著又把這些區域目標分割成國家目標，而團隊之所以會表現不佳，就是因為這種不合邏輯的目標設定方式。這種目標設定方式，使得某些國家的團隊把責任推卸到其他國家上，還有些國家的團隊會為了達到團隊目標而故意拉低績效。

三位主管花了好幾個小時激烈討論後，拉馬桑終於失去耐心。他指著拉斯大吼道：「好啊，那我就告訴你，我去年為什麼沒辦法達到目標啊，就是因為他啦！」

拉斯站起身，「我原先明明可以順利完成那單的！」他吼了回去，「還不是因為你沒辦法準時把原料送來，所以我們才會少了好幾十萬公升的原料！我們沒辦法完成那單，就是因為你們這些人沒有準時把原料送來啦。」兩人大吵一架。

這個團隊從頭到尾都呈現一盤散沙狀態。在和三位資深主管進行這場馬拉松式會議前一天，可汗初次和多達六十八人的所有團隊成員一起開會。他對於自己的所見所聞感到非常訝異。在會議開始前，房間裡充斥吵吵鬧鬧的各國語言——這個角落是英語，那個角落是俄語，另一個角落則是阿拉伯語。團隊成員們依據母語分成許多子團體。他注意到，雖然每位成員都能說英語，但不同的英語流利程度，反而加深團隊的分裂程度：英語母語人士的語速很快，說話含糊不清；英語較不流利的人則大多一直保持沉默，似乎對開口感到遲疑。他發現同一語言派系中的人，往往也會有相同信仰與文化傳統。

可汗覺得一個頭兩個大。他對於公司的收入為何下降沒有任何更深的瞭解，但他懷疑原因可能和這個房間中的嚴重分裂有關。在稍早之前，他曾和蘇尼爾、拉斯和拉馬桑一起參觀中東、中亞與南亞的團隊辦公室。他和客服專員法拉開的一場會，尤其具有象徵意義。法拉指出，他根本不知道團隊的績效出現這麼嚴重的下滑。除此之外，他還對可汗承認他正努力尋找值得信任的事物，他希望能對自己的工作感到熱誠。

這趟參觀之旅，也讓可汗有了關鍵發現。在烏茲別克時，他和拉斯去吃晚餐，一起用餐的還有另外幾位團隊成員及一些哈薩克客戶。在討論了新交易的幾個計畫後，哈薩克客戶提議要用伏特加舉杯慶祝——這是當地人用來慶祝達成交易的重要傳統。團隊中的一位沙烏地阿拉伯成員穆罕默德基於宗教因素，禮貌地拒絕飲酒，但這時拉斯告訴他：「喝就對了。」

穆罕默德沉默以對。拉斯以輕蔑語調高聲道：「真不知道沙烏地阿拉伯人，要到哪時才能進入二十一世紀呢！」

整桌的人都陷入了一陣尷尬的沉默。穆罕默德低頭看著桌子。可汗曾聽過傳言，拉斯會在商務旅行時嘲笑當地人的習俗，還會恥笑同事的英語能力很差，如今他親眼見證拉斯有多麼缺乏文化敏感度。

可汗想要這份工作，但不確定自己能否扭轉一家分歧如此巨大的公司。

既靠近，又遙遠的陌生人

多數人往往難以克服文化和語言的差異，若想瞭解其中的深層理由，必須先回到一九〇八年，當時德國先驅社會學家格奧爾格．齊美爾[2]（Georg Simmel），寫了一篇名為〈陌生人〉[3]的論文。他在論文中提出疑問，想釐清當一群人遇到一名在某些程度上符合常規，但又有所不同的人時，會發生什麼事。在他的假想中，這個人可能是一名旅人，例如一名商人，他可能正要進入一個關係緊密的村莊，這裡的人全都彼此認識，或許已經認識了一輩子。從物理空間上來說，這名商人和村民們很靠近，但從社會空間或心理空間上來看，他們之間的距離可能很遙遠。或許這名商人在服裝上和村民有差異，又或許他在說村民的語言時有明顯的口音，能聽出他曾在別的地方生活。這種想像出來的陌生人原型，成為一個組織化的概念，齊美爾的想法以這個原型為中心，逐漸成形與成熟，最後產生的見解將幫助我們把分布範圍最廣泛的跨國團隊，緊密地連結在一起。

從某種程度上來說，格奧爾格．齊美爾本身就是陌生人與旅人。雖然他在一八五八年於柏林出生，這輩子幾乎都在柏林度過，但他在當時學術界的嚴格規則中卻顯得格格不入。他是猶太人，被德國社會視為外來者。除此之外，他既是哲學家也是科學家，還有深厚的美術造詣。他會彈琴和拉小提琴，和一位藝術家結婚，曾寫過有關荷蘭畫家林布蘭（Rembrandt）的文章。他在柏林大學（University of Berlin）工作時是非常受歡迎的講師，課堂上總是擠滿旁聽的知識分子。然而，由於他和生活圈中的多數人不太一樣，所以許多人把他視為陌生人，覺得和他有心理上的距離。

他的折衷主義與知名度，並沒有對他在學術界的地位帶來好的影響。就算在他成為教授之後，也曾在申請講席教授*時受到拒絕。他被拒絕的原因或許是因為在快速發展的社會學領域中，許多同儕的地位都逐漸變得比他還高，他卻一輩子都沒有在學術評鑑上獲得頂尖成績。事實上，齊美爾直到一九六〇年代才開始廣為人知，當時有一群社會學家發現並接納了他的跨領域抱負及他充滿隱喻、如詩般的書寫風格。這些社會學家注意到，隨著時間流逝，齊美爾的隱喻逐漸變得越來越重要。

齊美爾留意到，在現代城市中，物理距離必定會和心理距離同時存在。城市人常會和語言不同（或主要語言的流利程度不同）以及日常文化規範不同的人，一起工作和生活。在城市中，人們在街道上行走時，基本上不會知道擦身而過的人有哪些家庭成員或過往經歷為何，這和小村莊的生活方式相反。

在理解跨國團隊的功能失調與解決這種失調的過程中，心理距離的概念至關重要。這是因為**心理距離不但是現代生活環境具有的性質之一，同時也是所有團隊會具有的性質**。心理距離，指的是**人與人之間的情感連結或認知連結有多緊密**。如果人們能彼此理解或同理，那麼心理距離就是短的，人們可透過這種同理連結，修復不可避免的分歧；如果人們無法彼此理解或同理，那麼心理距離就是長的，這時分歧就會越來越嚴重。跨國分散式團隊，正是長心理距離的滋生地。

＊在德國，成為講席教授，意味著已經代表該領域的最高水準，既是該研究領域的權威，也是學術帶頭人。

縮短心理距離

如果塔里克．可汗的團隊成員都在同一地點工作，他們可能每天都要隔著桌子彼此對看無數次。他們會被迫看見彼此的臉部表情與肢體語言，聽見彼此說的話。他們很可能會在某些時候一起吃飯。他們會在走廊上擦肩而過，注意到彼此的交友圈。他們可能會一起變得更加社會化。每隔一陣子，他們可能會無意中聽見對方和家人講電話。無論願意與否，他們都會對彼此發展出多面向的理解，並藉由這樣的理解去包容彼此的文化差異。人們能透過這種多層次的理解，發展出情感連結與同理心，縮短心理距離。儘管你可能沒那麼欣賞——甚至是不太喜歡——和你同地點工作的團隊成員，但和他們共享時間與空間，就能推動彼此發展出同理心的連結。

跨國團隊和同地點團隊之間的關係，就像是過去的都市生活和小村落生活之間的關係。當全球多數人都因新冠肺炎而必須轉變成在家遠距工作時，新的遠距工作者會逐漸發現跨國團隊早已知道的事實：**無論使用的科技有多好，在視訊會議上溝通一小時與在辦公室溝通一小時，必定會有本質上的差別。**你不但再也不能趁著在走廊偶遇的機會隨意聊天並從多個面向瞭解彼此，而且你們之間的心理距離，還會因減少在同一空間相處的時間而拉長。

縮短心理距離，可以把破碎化又充滿競爭意識的團隊文化，推往同理心、尊重與信任的方向。如果處理得宜，跨國團隊必定具有的地理距離和國籍多樣化，將能成為團隊的力量與價值來源，使團隊脫穎而出。

把語言變成融合的力量

無論在任何團隊中，溝通都是團隊運行的重要關鍵。鮮少有跨國團隊中的所有成員都說同一種母語，他們的母語往往彼此不同，這種溝通上的隔閡很容易擴大成員之間的心理距離。語言是一個牽涉極廣的主題（我曾針對這個主題寫了一本書），不過我們無需多說，只要理解最重要的事就夠了：**團隊要面對的挑戰是，將語言分歧最小化並恢復團隊的整合力量**[3]。

在當今跨國團隊中，英語是最常見的通用語。如今全世界每四人中就有一人的英語程度是可以用來溝通的，總共有超過十億人能說流利英語。由於英語的文法較有彈性，又不需要陰性詞與陽性詞，所以一般認為英語相對容易學會，但英語在商業界中會占據優勢，主要是因為英國殖民歷史與美國目前是國際超級強權。雖然在跨國公司工作的員工通常都會說一口流利英語，但事實上，英語非母語的團隊成員，往往也具有不同程度的英語流利度。

跨國團隊的領導者通常需要負責解決這種流利程度不一的狀況。若你的公司才剛把英語定為統一的溝通方法，那麼身為領導者的你必須要清楚理解，這只是組織團隊的第一步而已。就算公司規定所有人都講英語，這種通用語也會造成各種問題，母語人士與非母語人士在爭取權力和控制權時將會遇上不同阻礙。

更具體來說，當員工在開會的休息時間依照會不會說某種母語而分裂成許多子群體時，這種狀況將會立刻創造出「我們與他們不同」的心理狀態。正如我們在第二章討論過的，若子群體依照這種心理狀態行事的話，團隊的信任與績效必定會下降。無論這些小團體中的人覺得說俄語、阿拉伯語或西班牙語等語言有多安心，這種用非英語溝通的子團體將會免不了地孤立自己並驅趕他人，他們就像齊美爾所說的村民一樣，會把任何與自身不同的人當成陌生人。雖然在物理層面上，他們全都處在同一個會議室中，但其實正在拉長彼此間的心理距離。

英語母語人士，會為跨國團隊的領導者創造出不同類型的挑戰。由於英語母語人士在講通用語時非常流利，所以他們在組織中的地位往往會比應有的地位更高。英語母語人士若發言太頻繁、語速太快或使用太多片語和俚語，不但會導致非英語母語人士在溝通時覺得更困難，而且也會使團隊效率下降，因為他們會誤以為非母語人士的沉默或不願說話，代表沒有建樹。最後，母語人士有可能會因此把語言流利程度和工作能力混為一談，導致誤以為非母語人士的工作績效不佳。

兩年後：可汗的跨國團隊

可汗接任的新職位，是業務與行銷團隊的總經理，為了克服語言所造成的社交不合，他在接下這個職位後率先採取的行動，是要求整個團隊中的六十八名夥伴，全都必須遵守公司規定：把英語當成公司內部通用語言。泰克公司與許多跨國公司一樣，已經利用通用語言，解決多元員工之間的語言隔閡問題。但是，若公司缺乏能好好任用員工，並幫助員工理解「培養包容」的內涵的領導者，再好的工作規範也會失敗。可汗在剛接下這個新職位的前幾個月就發現，把工作規範印出來分發當作提醒，是很有用的方式。他每隔一陣子就會這麼做，當有新員工進公司，或他覺得通用語言規定開始鬆動時，尤其如此。

可汗率先採取的另一個行動是開除拉斯，這並不是一個容易的決定。沒錯，拉斯確實有過文化不敏感的紀錄，例如他在穆罕默德不喝伏特加時的輕蔑表現就是一例，而且公司裡的人都知道他對不太會講英語的同事，表現出非常不耐煩的態度。拉斯的母語是瑞典語，但他從很小的時候就開始學英語了，他宣稱既然連他都可以說一口流利英語，那麼其他人也應該可以講得同樣流利——他完全忽略了成年人要學習一種新語言，是多麼困難的一件事。不過，拉斯同時也是公司裡經驗豐富的老員工，他的部門為公司賺的錢比其他部門還要多很多。可汗曾考慮過要不要繼續和拉斯一起工作，或許可以警告他必須改變這種行為，但最後還是決定要放膽開除他。

可汗藉由開除拉斯這件事，向團隊傳達一道明確訊息：他希望所有人都能好好尊重來自不同文化的每一位同事。可汗覺得在設立新標準與基調的過程中，這個舉動具有很大象徵意義，是不可或缺的重要決定。但他沒有在象徵性的行動止步。他在員工年度考核項目中，增加了「尊重他人與文化差異」，而這個項目在管理階層的評估中占比更重。這是非常重要的一個舉動。可汗把文化敏感度列入考核項目時，不但強調了文化敏感度在組織中非常重要，應成為每個員工都該遵守的標準，也藉由這個舉動獲得籌碼，方便他在未來再次遇到「拉斯狀況」時能妥善應對。

如果把開除拉斯以及建立文化敏感度的評分方式，看做可汗用來懲罰低生產力行為的「棍子」的話，那麼他推廣的另一個概念，就是「紅蘿蔔」：多樣化，是團隊的資產與競爭優勢。他和團隊一起採用了新的格言：「我們彼此相異，但同為一體。」

可汗主要是靠著轉變團隊文化，來達到轉型目的。他執行了本章後面會介紹到的「跨文化雙向適應」中所提到的改變。在這之後，他負責領導的這支多元大型分散式團隊，不再像之前一樣時有爭議與分歧現象，成員們逐漸彼此理解並建立信任。他藉由執行這項改變，向團隊明確表示「多樣化是一個具有競爭力的優勢」；此外，他也透過「我們彼此相異，但同為一體」這個格言，設法消除團隊中「我們與他們不同」的普遍現象。在兩年內，團隊業績表現就成長三〇%，市占率成長六%，淨利成長七二%，而最令人震驚的是員工滿意度從原本的最低點三六%上漲到八九%。

各位身處的跨國團隊也可以像可汗和其團隊一樣，在差異與專業知識中找到優勢。在協助跨國團隊成功時，最重要的第一步應該是去理解團隊績效為何會如此迅速地下滑。跨國團隊的成員們每天都必須跨越國界工作，因此彼此的心理距離很可能會在沒有注意到的狀況下逐漸拉長。除此之外，每當團隊遇到成員增減、變動、解散或重組等情形時，這些挑戰與行為模式都可能會捲土重來。因此，當希望能推動團隊建立與維持整體共識時，「包容的溝通」與「雙向的適應」這兩件事將會變得格外重要。在遠距工作中，共識更是關鍵節點。

包容的溝通

跨國團隊必須確保英語流利的人學會**降低主導性**，英語較不流利的人則要**提高參與度**，每個人都必須學習**平衡的包容性**，尤其是領導者。

英語流利者，要學會降低主導性。英語流利的團隊成員必須理解其他人也必須全心參與討論，而且他們應該要有意識地邀請英語沒那麼流利的夥伴加入討論。領導者必須明確指出英語流利者應該要負責改變討論時的音調和步調，在說話時放慢速度，使用每個人都能理解的語彙。一般來說，這代表他們在和團隊說話時，應該要減少使用片語或其他人不熟悉的俚語。

領導者必須要求英語流利者避免主導對話。有些英語流利的團隊成員注意到，若能限制自己的評論數量，將為團隊的發言平衡帶來很大幫助，而評論的多寡則取決於會議的速度與主題。領導者也應該要鼓勵英語流利者積極聆聽。英語流利者應該避免立刻提出意見，相對地，他們可以先換個說法把別人提出的觀點或重點複述一遍，接著再評論。如果英語流利者能提出：「我想，你指的應該是？」等問題的話，會議進行將會變得更順暢。同樣地，在創造包容的環境時，向英語較不流利的同事確認他們是否理解剛剛說的話，也是非常重要的一件事。英語流利者應該要直接出聲提問：「請問能聽懂我剛剛說的話嗎？」在英語流利者剛提出特別難懂或特別長的論點時，尤其需要這麼做。這些對話能幫助英語不流利者建立信心，讓他們在語言能力受限的狀況下，依然願意發表論述。

英語不流利者，要提高參與度。英語較不流利的團隊成員必須在開會時加入討論，承擔責任。領導者應該要同理某些人在說英語時的不適感，並支持成員在必要時把握學習語言的機會。與此同時，儘管有些成員會在別人聽他們說話時感到不適，但邀請成員**被聽見**，也是很重要的一件事。有些非母語人士覺得控制發言次數很有幫助，就像英語流利者那樣，唯一差別在於非母語人士的目標是增加發言次數。非母語團隊成員在一定時間內必須發言多少次，也同樣取決於會議的速度。此外，英語較不流利者必須學會如何在英語流利者說話時，確保自己聽懂了。領導者要以身作則地提問：「能聽懂我剛剛說的話嗎？」並請英語較不流利者誠實回答。到了最後，非母語人士將會覺得這個環境足夠友善，因此願意在對話速度過快導致他們聽不太懂時，請同事重複一遍論點或換個說法複述。如果不這麼做的話，大家將會覺得聽不懂是一件尷尬或丟臉的事，因而在根本還沒完全理解成員說的話時，就點頭表示同意。

英語較不流利者應該要在身旁夥伴都聽得懂母語的情況下，努力抗拒說母語的誘惑。在常用的商務語言與母語之間切換的行為，叫做**語碼轉換**（code-switching）。但當語碼轉換的目標語言會使部分成員聽不懂，而且並非群組的正式商務語言時，就有可能會導致成員間彼此疏離，並擴大心理距離。雖然在多數團隊中，偶爾還是會出現語碼轉換現象，但成員若發現自己不小心說出其他人不懂的語言時，應該要盡快道歉，並把剛剛說的話翻譯成其他人聽得懂的語言。

若希望團隊能改變，需要的是勤加練習與領導者的鼓勵。此外，大家也必須理解，每個人在說話時都必須為了團隊而遵循特定的參與規則。

每個人都應該學習平衡的包容性。在正式會議與非正式對話期間，團隊中的每個人都必須為了維持平衡而擔任必要的角色。平衡，代表每個人都具有良好的說話比例與傾聽比例。從某種程度上來說，為了維持這種平衡，成員應該要記錄下自己

表一、工作規範 4

降低主導權	提高參與度	平衡的包容性
• 放慢速度，使用他人熟悉的語言（也就是少用片語）。 • 避免主導談話。 • 詢問：「能聽懂我剛剛說的話嗎？」 • 積極傾聽。	• 避免退縮或其他類似的躲避行為。 • 避免使用你的母語。 • 確認能聽懂他人剛剛說的話嗎。 • 如果你不懂其他人說的話，可請對方再說一次或進一步解釋。	• 監測參與者的狀況，致力於平衡他們的說話與傾聽時間。 • 主動為所有團隊成員描述他們的貢獻。 • 特別提高英語較不流利者的參與程度。 • 隨時準備好定義與解讀對話內容。

的行為。但隨著時間流逝，目標將會轉變成發展出特定常規，特別注意誰說的比聽的多，誰聽的比說的多。團隊領導者必須學著直接詢問英語較不流利者的意見、提案與觀點。藉由提問「你怎麼想？」或「能告訴我們你的意見嗎？」等問題，便可以簡單地提高參與度，同時也能在某些人過度主導話題而某些人不願意做出貢獻時，以較不明顯的方式干預討論時的團隊動態。

有效率的團隊溝通之平衡包容性，並不專屬於跨國團隊。研究顯示，就算每個人都說同一種語言，維持團隊中每人的發言與傾聽大致上相等，依然是至關重要的一件事。同等的參與程度對真正的協作來說是必要的——唯有如此，人們才能全心投入手邊的計畫。因此，領導者必須提醒團隊成員要不斷在工作上貢獻心力，也要提醒他們各自的工作職位所被賦予的責任。

跨文化雙向適應

我往往會在論及跨國團隊時，想到一個古老說法：「給人魚吃，你能讓他今天吃得飽；教人釣魚，你能讓他一輩子吃得飽。」身為跨國團隊的成員之一，你必定會遇到許多互動是需要跨文化技巧與敏感度的。必須引導來自不同文化與國度的成員們彼此理解與包容，才能創造出團結一心的團隊。於是，我為此提出「雙向包容模式」（the mutual adaptation model）。

這個模式有兩種互動循環：**雙向學習循環與雙向教導循環**。這兩個循環都能幫助我們放慢互動速度，並帶來新的連結方式。這些行為沒有特定順序，許多領導者與其團隊成員都覺得在不同階段透過這些活動彼此教導與學習，是非常有價值的一件事。這些行為也不是一次性的活動，可能需要定期執行以作為提醒。理想上來說，員工應該要整合這些態度與行為上的轉變，將之視為常態。

雙向學習

組成雙向學習的兩個主要行為，是**吸收**與**提問**。

吸收。多數人的學習方式都是主動觀察與傾聽其他人的行為，就像孩子成長過程中初次發展出文化知識一樣。身為成人，我們在離開舒適圈進入新的環境時，也同樣必須觀察、傾聽並「吸收一切」。在真正吸收新舊環境的差異時，我們必須主動把比較與批判的行為往後延遲。在吸收期間，我們的目標是蒐集特定的工作場所、團隊或文化的相關資訊，不要馬上就在心中下評論或判斷。理解不同觀點與替代方法時，最重要的就是保持開放心態。

提問。學習新的文化脈絡，也需要我們提出問題。當一個人提出問題，另一個人提供答案時，這種自然而然的交流將能建立雙向關係。「交流」這個舉動，能提供令人安心的低風險機會給團隊成員，讓他們理解並適應新脈絡。不過，提出問題並非每次都足以提供清楚或完整的事件全貌，應該在吸收階段中，利用提問來觀察並獲得額外資訊。

吸收與提問息息相關。吸收能提供更多資訊與經驗，讓我們可以提問；而提問則能讓我們在觀察到某個行為後，獲得更深入的理解。整體來說，這個方法也需要領導者一起反思自身的文化與國家認同。

雙向教導

第二個循環的重點在於**指導**和**催化**。雙向教導需要跨國團隊中的每個人都同時成為學生與老師。在教育心理學中，心理互相依賴理論強調我們應該讓同儕扮演教練與非正式教師的核心角色，領導者可利用這個理論向成員們介紹何謂雙向教導。無論成員間有多大差異，互相教導的循環都能幫助他們培養出彼此包容的文化，推動每個人對同事與自身發展出多面向的觀點。團隊成員可在合作的過程中，對彼此的獨特觀點有更深刻的理解與認識。雙向教導的共享經驗將會成為跨國同事間的共同基礎，進而減少心理距離所造成的障礙。

指導。指導包括教練、教導、引導與其他形式的指引，此外也包含團隊成員為協助彼此理解新觀點時，提供的非正式建議與協助。特別值得一提的是，指導能建立兩名或多名成員間的私人連結，而這種指導往往會發生在其中一人是當地人，另一人是特定環境中的新人時。

催化。催化是一種特定的教導行為。催化者可在團隊成員中調解行為並翻譯文化意義。催化者通常熟悉多種文化，因此可在背景有顯著差異的成員間擔任橋梁或解釋者的角色。

在這些教導行為中，我們應該要記住的關鍵要素是這些行為的**雙向性**——要避免來自不同背景的成員彼此分離成個體，帶領他們成為具向心力的團隊，讓他們在過程中相互幫助與學習，最後彼此理解。跨國團隊的所有成員至少都應該要知道他們可以如何利用「指導」與「催化」，在團隊中打造共享的學習環境，並進一步理解不同觀點。這麼做能縮短心理距離，加強同理心與效率。

在跨國分散式團隊中，很可能會有些成員是來自不同文化與國家背景，這些雙向學習與教導的循環終將成為習慣，在每天工作的微小時刻中出現。隨著團隊成員的行為逐漸演進，他們將會建立同理心。舉例來說，成員們可透過雙向學習，發現彼此在運動或烹飪的共同興趣。人們可藉由雙向學習更加同理彼此，更輕鬆地相處，不再像齊美爾所說的「陌生人」。

我們可透過雙向包容模式，改變與平衡對自身的認知與他人對我們的認知，幫助跨國團隊完成「縮短心理距離」與「培養同理心」這兩個重要過程。這是能夠改變一生的事件，有些人會因此習慣對他人解釋自己與文化，學會描繪自己與他人有何不同之處，並因為這種差異而和有所不同的人發展出情誼，並增加親近程度。

雖然跨國團隊可能會有一些面對面的會議或互動，但從定義上來說，多數時間他們都必須在線上運行。除了遠距工作之外，跨國團隊的人還必須學會在典型的文化差異與語言差異中團結合作。從這一點來說，他們面對的挑戰比同文化或同語言的遠距團隊還要更艱難。儘管如此，正如各位將會在下一章看到的，除了文化和語言之外，還有許多差異能讓團隊分崩離析。就算你們全都說同樣語言，全都於同樣文化中成長，依然會在年齡、性別、工作經驗與專長方面有所不同。在你的團隊中，可能會有一些成員較外向，傾向於主導對話；也可能會有一些較內向的成員個性退縮，不太願意說話。雙向學習與雙向教導並非只是跨國團隊才能採用的辦法，任何類型的團隊，都可透過這些典範實務與關鍵行動，來確保共同學習能帶來好的結果，並善用各種差異。

行動指南：克服差異，成長茁壯

- **降低**。當某些團隊成員的共用語言或通用語較流利時，他們需要降低說話速度，確保所有人都同樣理解狀況。他們應該鼓勵通用語較不流利的成員開口，並向他們確認是否有聽懂。
- **提高**。通用語較不流利者會對開口感到恐懼，這是可以理解的，不過他們必須克服恐懼，主動參與對話。如果自己沒有聽懂的話，可請同事複述一遍。有必要時，請檢視自己在對話中提出意見的頻率，並努力試著達到目標。
- **保持同樣的語碼**。若你和某些團隊成員的母語相同，當你們和整個團隊處在同一個線上空間時，請避免在母語和通用語言之間進行語碼轉換。如果不小心進行語碼轉換，請承認這麼做有些不體貼，向大家道歉，並用每個人都能聽懂的語言，重複一次剛剛說的話。
- **維持平衡**。無論你在溝通時使用的是視訊會議、電子郵件還是群組聊天室，請都盡量確保你的傾聽時間與說話時間相等。如果注意到某些人對於發言感到遲疑，請用鼓勵來引導他們。

- **觀察與提問。**踏出舒適圈，保持開放心態，吸收藉由線上會議從同事那裡聽到與看見的事物。以你的觀察為基礎，向同事提出問題。
- **教導與催化。**抓住每個適當機會，主動向團隊分享建議、觀點與指導。也幫你的團隊成員創造機會，讓他們分享想法。
- **同理心。**請透過學習與教導的循環，和成員培養更親近的關係。
- **善用正向的差異。**選擇不把注意力放在那些會分裂團隊的事物上，而是把焦點放在能使團隊擁有更多能力（與更多動力）的背景差異。

第七章

一位成功的遠距領導者，必須知道的事

Remote Work Revolution

我們常會在描述人格特質強烈的領導者時，說他們「鶴立雞群」。由此可知，這樣的領導者會在會議室中表現出極高存在感——他們的卓越能力，會使人印象深刻、抓住他人的注意力並獲得他人敬重。當這種領導者在主導會議、一對一指導員工或在公司裡四處走動並透過閒談確認員工狀況時，其存在感會最明顯。

但是，他們該如何透過電腦螢幕，散發這種鶴立雞群的存在感？我有幸花了許多年的時間，和世界各地數百位線上團隊領導者合作，這些領導者最常提起的擔憂是，他們過去在真實世界中能在面對面時發揮影響力領導團隊，如今不知要如何在失去這種影響力的狀況下繼續領導。他們失去了環視周邊的機會，無法判斷誰在會議上表現得精力充沛，誰又在玩手機。他們失去了眼神接觸與解讀肢體語言的機會，無法利用第六感來判斷辦公室的氛圍。他們也失去了在正式會議前先簡單討論，或會議後簡單口頭確認各自工作的機會。他們的身高直接變成螢幕大小。能夠體現實體世界的各式各樣視覺與聽覺，如今全都匯聚在充滿限制的單一數位管道裡。

在開始解決線上世界的障礙前，先讓我們思考一下團隊領導者應該扮演什麼角色。領導是一項極為複雜的工作。領導者必須設立目標、激勵團隊、監督當下工作進度、避免內部與外部的制約並達成目標。領導者必須日復一日、周復一周地把每個人帶到同樣的基準點上，在人與人之間與較大的團隊內部建立良好關係並維持下去，他們必須確保團隊具有凝聚力，在有需要時動員整個團隊。此外，領導者可能還必須處理因公司、集團及相關利害關係人而衍生的各種任務，使得他們的工作變得更加複雜。

轉為線上工作，有可能會成為壓垮駱駝的最後一根稻草。我在過去的工作經驗中，見證過許多線上團隊分崩離析。一般來說，公司會為了特定目的（如開發重要產品或研擬某個策略）而投入相當多資源，召集專業員工組成分散式團隊，但這些團隊往往很快就會遇上問題。團隊氣氛變得令人不適，成員們開始彼此怨恨，每個人都不再傾聽。

到了最後，團隊的表現無法達到公司預期。從團隊領導者到成員，每個團隊中的人都必須承擔結果。分崩離析的狀態會危害到顧客要求的品質，影響成員的升遷與福利，有時甚至可能工作不保。如果公司把你派到一支潛力極高的跨國團隊，結果這支團隊運作不良，那麼公司將會損失全球規模的顧客與收入。這就是現實。

我發現每次團隊出現脫軌狀況時，主管總會有一套理論能解釋這是怎麼回事。當團隊裡有多個主管時，就會出現多個能把失敗合理化的理論，如：團隊成員太專橫；那些成員很消極；這個工作目標太抽象了（或太局限了）；這段期間有太多會議（或會議不夠多）。

有時候公司會請我更深入地調查這些理論，並為每一項失誤訂製一套解決方案。但無論投入多少心力去修補人事、工作或流程上的細節，都無法減少整體的失誤率，無論是在本土公司或跨國企業都一樣。我在更仔細追蹤後，發現問題來自領導方法。因此，解決方案必須來自領導方法。

遠距工作的領導方法

我在哈佛商學院領導力與組織行為（Leadership and Organizational Behavior）課程中，擔任教職與主任很長一段時間（我們把這個課程暱稱為LEAD），我從每一種各位能想像得到的角度，研究「領導」這個主題。我在研究各種如何、什麼、何時與為什麼的問題時，我的身分不只是學者，更是參與者；我不只以老師的角度，更以學生——也就是未來的領導者——的角度探討這些問題。在我採用這麼多角度切入的過程中，我得以從所有層面觀察領導的細節，從管理員工到一對一關係，再到引導團隊為了共同願景團結合作。對於團隊績效能否達標來說，領導的每一個層面都至關重要——畢竟達標是一件很困難的事。在遠距工作的案例中，我採用了同事法蘭西絲．弗雷（Frances Frei）與安妮．莫里斯（Anne Morriss）對領導的定義：領導，指的是**運用你的存在賦予他們力量，並確保當你不在場時，那種影響也能繼續存在**[1]。領導者必須創造出適當環境，讓團隊成員清楚認知到自己的能力與力量。

法蘭西絲和安妮在二〇〇〇年代初期研發出這套對領導的定義，當時他們剛開始和一些想要大規模改變的組織合作，其中也包括全球最有競爭力的幾家公司。他們開始注意到最成功的那些領導者，都有一些相同規律。成功的重點不在於他們自身；對於最成功的主管來說，領導的重點是幫助其他人獲得成功。這些領導者定義的成功，是創造出能讓團隊成長茁壯的環境。他們不只會雇用認為未來能有優秀表現的人才，也會設法釐清要如何幫助員工達到自己的目標。

除此之外，法蘭西絲和安妮發現領導者不只會在團隊陷入困境時提供重要指引，也會在暫時不在場時繼續提供引導，甚至在離開團隊後也一樣。遠距領導特別適合應用這個發現，這是因為**遠距領導需要領導者在難以真正在場時，展現領導能力**。

我發現這些限制，特別容易使領導者忽略當下正在發生的事。線上團隊有可能在毫無徵兆的狀況下變得越來越不和，就算原本是同地點工作團隊中最受愛戴的領導者，也可能嘗到失敗。當團隊在同一地點工作時，領導者可以自然而然地透過每日工作的節奏來確認團隊成員的意向，所以當出現問題時往往會非常明顯。但若領導者沒有機會聽見或看見團隊成員的狀況，原本只是髮絲般的裂縫將會逐漸擴大，直到來不及挽救、團隊結構崩解為止。因此，**遠距領導者必須在遇到問題時，先釐清自己不知道什麼事，接著再決定解決方案**。

在本章中，我會詳細列出領導者經常遇到的六個挑戰，解釋在執行遠距工作時，這些挑戰會如何出現，並提出已證實過的克服方法。

- **地點**
- **階級分類**
- **我們與他們不同**
- **可預測性**
- **績效回饋**
- **團隊參與**

雖然任何團隊都會以不同形式遇到這些挑戰，但在遠距環境中所帶來的傷害格外嚴重。對同地點的團隊來說，就算領導者在發現這些挑戰的早期警訊時消極處理，團隊成員依然有可能繼續成長茁壯；但若領導者在遠距工作時遇到這些警訊，請務必積極處理。如果領導者沒有及時處理這些挑戰的話，挑戰將會膨脹成分歧，最後使你的遠距團隊四分五裂。

地點的挑戰

在新冠肺炎剛開始流行時，全球勞工立刻大量轉變成遠距工作者，其中最特別的一點在於所有人遠距工作的場所都十分類似：住家。雖然每個居家辦公室的設置、科技設備或孩童照顧責任不盡相同，但每個人和他們的領導者與同事的距離大致上都同樣遙遠，沒有人可在同地點的實體辦公室工作。

不過，在這段時期與可能的未來，混合的工作形式將會變得更常見，有些人多數時間會遠距工作，其他人則至少必須花部分時間和同事實際接觸。這些工作結構上的差異，將使團隊動態變得更複雜。研究顯示，人們在團隊中的地位分配與團隊成員的實際配置，會對他們的感受造成非常深遠的影響[2]。

配置[3]指的不只是人們坐下來工作的實體位置，同時指的也是**分散式團隊的成員有多少個工作地點、每個地點有多少名員工以及各個地點員工數量的相對平衡程度**。有時候團隊動態會更加複雜，例如在某些案例中，團隊成員必須跨國工作，也就是說他們必須在不同時區、不同國界與不同的當地組織文化之下工作。

當團隊沒有成功建立橋梁跨越這些差異時，成員就會形成子群體。這些小團體或小集團通常會依據特殊利益而成立。分散式團隊也很容易依據實體位置而形成子群體。研究人員在調查配置時，發現有四種明確的排列組合，會影響團隊表現：所有人都在同地點工作的團隊、在兩個地點工作且子團體人數平均的平衡團隊、在多個不同地點工作且子團體人數不平均的不平衡團隊，與內部有部分遠距工作者（也就是地理上隔離的成員）遠離其他成員獨自工作的團隊。令人訝異的是，工作位置靠近總部及和團隊領導者在同地點工作的人，往往容易忽略在不同地點工作的成員有哪些需求與貢獻[4]。

學者在分析這些團隊配置時發現，當團隊中的子團體人數不平衡，導致出現弱勢子團體時，整體團隊對於這些子團體的身分認同感會較低，而子團體則較不容易注意到強勢的團隊成員具有哪些專業知識。當部分成員在地理上隔絕時，無論是在家工作或單獨在一個地點工作，團隊都會較容易產生被排除的感覺。

階級分類的挑戰

人們傾向認為力量和數字之間是有關連的。人數較多的團體很容易討厭人數較少的團體，這通常是因為他們會抱持一個並不正確的想法：人數多，團體的貢獻會多於應有的比例。獨自工作的成員會覺得自己受到威脅[5]，擔心人數多的團體試圖侵占他們原本就不多的力量與聲量，但這往往也是錯誤的想法。在某些狀況下，這種恐懼是有根據的，但就算這些恐懼沒有根據，遠距領導者也必須理解這種恐懼。身為領導者，必須幫助團隊培養出公正的文化。由於人們並不一定會說出這種擔憂，所以領導者很容易忽略這種常見傾向。但是，無論你的團隊成員多麼擅長表達自己的心情，或者他們的擔憂有多具體，這些恐懼最終都會帶來同樣結果：成員間的包容性互動或排他性互動。這些行為累積而成的績效問題，將會不可避免地使整個團隊脫離正軌。

地位的定義，是**擁有威望與影響力的感覺**，在團隊動態中，子團體的結構不平衡，也有可能會影響到「地位」這種團隊動態。請留意，團隊成員對地位的感知，有可能會和真正的聲望與影響力一樣，對團隊帶來損傷與危害。舉例來說，有一項研究針對某汽車集團的三個跨國團隊進行調查，學者發現墨西哥工程團隊認為他們的「地位」，比印度與美國的團隊更低。墨西哥的工程師習慣彼此緊密協作並尋求同事幫助，他們誤以為其他國家的成員只會評價個人的問題解決能力，因此很擔心那些人會認為他們的合作模式是缺點。於是，他們故意用錯誤方式向「地位較高」的團隊成員陳述工作，導致團隊之間出現更大衝突，協作性也連帶下降。在同樣的研究中，當工程師團隊認為自身相對於他人「地位較高」時，他們較有可能會坦率地溝通[6]、尋求幫助並分享知識；然而這也會帶來負面影響，其中包括削弱績效表現與團隊表現脫軌，在這種時候，領導者可以採取持續的行動，認可所有團隊中的個人力量來抵制這種有害影響。與此同時，領導者也可淡化成員間的認知地位差異與真正地位差異。

「我們與他們不同」的挑戰

就像即將爆發的火山底下有斷層一樣，從分散式團隊到同地點團隊，從學術團隊到社會工作團隊，所有團隊都有斷層線。研究人員所謂的**斷層線**[7]，指的是**一種看不見或假想中的差異**，這種差異會因為成員間懷抱著「我們與他們不同」的心態，而使團隊分裂成子群體。斷層線會伴隨差異出現，並創造出子群體，這些差異包括角色職能、專業能力、態度、人格特質、性別、年齡、種族、國籍、語言等。一名團隊成員可能會和許多子團體有共通點。舉例來說，除了年齡、性別與種族等肉眼可見的子團體之外，你或許還是團隊中少數的軟體工程師之一。這些差異是組織性的，也是不可避免的——所有團體都有斷層線，沒有例外。領導者需要著眼的問題是，要如何在這些差異演化成「我們與他們不同」的狀態並迅速削弱團隊凝聚力之前，就先用有效率的方法管理這些子團體。

分散式團隊與遠距工作，又在這些潛在斷層中加上地理差異。人們很容易也很自然地會用團隊執行工作的地點，來區分各種團隊的「我們與他們不同」，舉例來說：「墨西哥團隊」與「美國團隊」。在任何一個子團體中，成員間的相似度越高，就越容易出現「我們與他們不同」的心態，如同一個產業中有行銷經驗的人都是中年女性時，就容易出現這種心態。問題在於這些斷層線（地理的或非地理的）有可能會使子群體之間相隔更加遙遠。如果領導者不去管理這些自然出現的差異，團體中的衝突會加劇，整合問題將會變得更棘手，而且成員也會較難建立協作與高生產力的工作關係。

當裂縫擴大時，斷層線就會造成問題[8]。數年前有一組研究人員獲得機會研究《財星》（*Fortune*）前五百大企業的數據，他們想找出斷層線與團隊績效之間的關連。他們檢視數十個團隊的紀錄，這些團隊中共有五百多人，他們做的都是複雜且高價值的非例行工作——換句話說，這些人是大企業裡的典型知識工作者。研究人員除了審視性別與年齡這一類的社會身分差異之外，也檢視了教育程度與公司年資等知識差異，把焦點放在斷層線的兩個特性：**強度**，也就是子群體和團隊中其他人之間的差異有多明確；**距離**，也就是裂縫的大小。若想瞭解何謂**高強度的斷層線**，可以先想像一支四人團隊，其中有兩人是年輕男性，兩人是年長女性——年齡與性別的子群體都完美重疊，因此在使用這兩個特質區分團體時，只會有一個非常清楚的區分法。如果年齡差異很大的話——舉例來說，兩位年輕男性大約二十多歲，兩位年長女性大約六十歲，那麼**年齡斷層線就具有很大的距離**。

學者們為瞭解團隊達成目標的能力而深入研究各種數據，檢視每支團隊因為績效而獲得的各種不同紅利。他們也檢視了各種評價，其中也包括員工的評價，接著研究人員再用量化方法分析關鍵字與片語的使用率。他們透過這些計量方法發現，**社會身分方面的斷層線越大，團隊績效就越糟糕，而這種斷層線的距離越大，負面影響就越嚴重**。我們在第六章曾讀到塔里克・可汗在泰克石化公司帶領一個跨國工作團隊，在這個團隊中分隔了團隊成員的斷層線強度很高，距離也很大，所以也無需意外該團隊的績效表現會在關鍵時期出現急劇下滑。

我和兩位同事一起深入研究數個軟體研發團隊的斷層線[9]。我們訪問並觀察位於德國的一家軟體公司中的九十六位團隊成員，他們工作的地點分布世界各地。為了理解遠距團隊中的子群體動態，我和兩位同事同時觀察這些在不同地點工作的團隊成員。我們透過這種方法，實際記錄了社交互動與團隊動態，並獲得豐富數據可觀察位於兩個地點的不同成員，對於團隊互動的感受。我們也藉由這個方式，觀察人們對於跨地點開會與同地點開會的感受，以及不同地點的成員如何以相似或不同的方式解讀這些活動。我們密切注意同地點工作與分散式工作的同事之間，溝通時的互動、態度與回應。我們也參加會議、研究會議電話並和這些成員一起吃午餐，也一起前往工作後的社交聚會。

我們發現，由於英語流利程度與國籍而形成的斷層線，會在部分團隊中創造出強烈分歧，並導致「我們與他們不同」的心態，但並非所有團隊都會如此。團隊是否容易被影響是取決於哪些因素呢？從我們蒐集到的數據可以看出，唯有**當團隊受到權力競賽的負面影響**時，才會出現使團隊分歧的子群體動態，換句話說，權力競賽會觸發原本處於休眠狀態的斷層線。當不同地點的工作者都因為強烈的負面情緒而陷入緊張氣氛時，就會觸發自我增強循環，不斷加強「我們與他們不同」的動態。這種負回饋循環在我們研究的軟體開發團隊中不斷急劇上升，團隊成員間的怨恨不斷增加。人們不再把資訊告知遠距工作的同事，導致團隊績效下降。這個團隊最終在最糟的狀況下分崩離析。

我們最重要的發現，或許是團隊領導者往往會忽略各種潛在問題，而這些問題將會加深斷層線，並導致團隊運作不良。雖然他們會感覺到有些事不太對勁，但通常不會知道問題所在與來源。

問題在於，斷層線很容易強化成堅固的界線，導致子群體彼此競爭。員工會開始用刻板印象評斷彼此，子群體則會開始認為自身比其他子群體還要更優秀。在泰克石化公司中，有些人會把特定團隊成員視為次等參與者，就像拉斯對沙烏地阿拉伯同事說出種族歧視的冒犯言論一樣，正是這一類的典型舉動會造就群體的差別意識，導致成員表現得好像他們不是同一個團隊一樣。

不過，斷層線並非總是壞事。研究人員發現，在特定狀況下，因**教育程度與年資形成的斷層線，不會對團隊績效造成負面影響**，這種分歧甚至會促進有效率的決策。群體通常可以在斷層線存在的狀況下成長茁壯[10]，子群體的多樣化視角與多種專長可以使團隊變得充滿能量。問題在於，這種成長茁壯有可能會轉變成「我們很喜歡排斥某某群組」的狀態，最後變成一種限制與隔離。面對這些挑戰的領導者必須意識到這些動態，並找出一個簡單的策略，修復分散式團隊成員間的裂痕。**受到**

良好領導的團隊，通常也會具有較強的韌性。領導者可幫助團隊從不同成員的專長、人格特質與豐富背景中獲取力量。

領導者要如何協助團隊從斷層線中恢復呢？其中一個方法，是**幫助團隊重新定向他們的裂痕**。在許多案例中，團隊成員會參與所謂的「重新評估」，藉此重新制訂方向，用更積極、更有同理心的態度面對其他同事。

團隊領導者很清楚團隊中的每個人傾向於用何種方法行事，因此領導者可藉由強調某些群體的觀點與淡化其他群體的觀點，來抵制斷層線所帶來的負面影響。首先，領導者可以建立並強調**整個群體的身分認同**：這種保護傘式的身分認同，可以把團隊內的每個人連結起來，成為一個整體，而非一盤散沙。提醒所有成員，他們每個人都同樣代表這個團隊（舉例來說，行銷團隊或設計團隊）。第二，強調**上層目標**，也就是團隊應該要試著為公司達成更高、更大範圍的目標。提醒他們，無論他們的背景為何，每個人都應該要協助團隊達到這個目標。當團隊因感覺到權力傾斜而產生疑慮時，請選擇性地處理這些疑慮。有時候，把團隊成員的焦點從權力矛盾轉移到更大的創新目標才是最好的做法，他們可以用這些創新來幫助社會、增加收入或打敗競爭對手。

可預測性的挑戰

遠距領導者需要時常和團隊成員溝通。上級的傾聽，能使團隊的現在與未來變得更容易預測。我們必須運用這種可預測性，來從事每日的工作。當我們無法面對面溝通時，就必須建立線上形象，而在這段過程中，第四章提到的各種數位工具至關重要。領導者在溝通時如果能變得更加明確與直接，將會加強遠距工作所帶來的正面影響並抵銷負面影響。正如我在第二章提到的，遠距團隊的領導者對於遠距工作者在家工作時會不會產生專業孤立感，扮演著決定性的角色。設立清楚的目標並提供用心的回饋，是優秀領導能力中不可或缺的一部分。這種管理手法對同地點工作的團隊來說很重要，對那些因見不到面而無法像在辦公室一樣自然溝通的成員們來說更是重要。

事實上，研究證實當領導者把無關工作責任、期待、目的、目標與截止期限的溝通增加時，員工會對公司更忠誠、對工作更滿意，也會表現得更好，團隊成員也比較喜歡[11]會使用線上社交群組溝通並定期檢討工作績效、薪水與事業發展的領導者。

績效回饋的挑戰

領導者必須定期提供回饋給遠距團隊，確保團隊能帶來正向結果，衡量個人績效與升職。遠距團隊成員（尤其是那些獨自工作或見不到面的同事）常會思考的一個問題是，當同地點工作者能和老闆面對面互動、親眼見到老闆、親耳聽見老闆說「做得好」或「多努力」時，遠距離工作者會不會受到差別對待。研究人員為找出這個問題的答案，針對一群同時負責遠距工作者與同地點工作者的主管展開調查，同時也調查他們的下屬[12]。

雖然研究人員就像工作者一樣，擔心遠距工作者會受到較嚴格的評估或獲得較低的績效評價，但事實上，他們發現遠距工作在績效評估的關係面向與工作面向上都沒有負面影響。此外，研究人員為了判斷每一位員工的事業發展前景，向主管提出這個問題：「你會如何評估此員工的發展機會？」讓主管選擇「發展機會良好」或「發展機會非常優良」。主管對遠距工作者的事業前景評估，與非遠距工作者並沒有顯著差異。無法見面，不代表不被放在心上。

參與程度的挑戰

對遠距領導來說，最重要的其中一個「工具」是採用具有影響力的領導方法，讓團隊成員能在你不在身邊的時候，依然持續受到你的影響。這裡所謂的領導方法，指的其實是你**長時間不斷反覆表現的行為與互動模式，包含非常微小的行為**。如果你因為遠距工作而無法判斷職場氣氛或在公司四處走動並和同事互動，就必須仔細思考要如何主動引導同事，與提議改進團隊與公司運轉的方法，藉此創造出自我意識與他者意識。若希望遠距工作者能為了遠距團隊運作成功而全心參與的話，很重要的一件事是**鼓勵人們提出自己的觀察**。領導者應該要營造出適合的環境，讓團隊成員意識到自己具有何種能力與力量，因此，領導者必須特別注意如何活用團隊在同地點工作時的優點[13]，並善用遠距領導所獨有的特點。我為此找出領導者需採用的三個常見方法：**一、為非正式互動安排非結構化的時間；二、強調個體差異；三、強迫衝突。**

領導者必須為了促進非正式互動，安排非結構化的時間。領導者必須付出努力，才能在遠距工作團隊中培養較沒那麼正式的悠閒氣氛，就像同地點工作的領導者經常會把成員的工作區或辦公室安排得較靠近一樣。這是因為與團隊的正式工作無關的非正式互動能帶來很多好處，這些互動包括閒聊天氣、家人、運動、新餐廳或電視節目。這一類的對話能建立情感關係，並讓團隊成員覺得自己被聽見。與此同時，團隊成員在非正式對話中也會提及自己的工作經驗，因此也可提供與工作相關的重要知識。我們可能會因為一名同事漫不經心地抱怨電話系統故障，而發現一個需要解決的嚴重問題；或者假如有位成員密切注意當地市場政策，可能會提起一道會影響公司競標程序的法規將要通過。

分散式團隊中很少出現自發性地隨意對話，他們往往是為了特定工作而組成團隊，在這種脈絡下，時間是非常寶貴的資源。因此，領導者必須有意識地努力推廣自發性的互動。其中一種簡單的干預方式，是在每場會議的一開始設定六到七分鐘時間，用來閒聊與工作無關的非正式內容。領導者應該要鼓勵成員在閒談時不要只談天氣，還要真正地談論以及抱怨（你沒看錯，抱怨）科技與工作環境的限制。領導者也可藉由規畫線上活動增加非正式接觸機會，如線上午餐、喝咖啡、喝茶或吃點心的休息時間，甚至可安排下班後的線上飲酒時間。團隊也可以發想一些線上娛樂活動計畫，依照每個人的不同嗜好，每隔一陣子就舉辦不同主題的活動。

領導者要以身作則，示範非正式談話的價值。曾有一位主管在接管多個團隊後，以身作則地讓其中一個遠距團隊瞭解，他不但會邀請這些遠距員工參與重要決策、時常連絡他們討論當下的計畫，並感謝他們擁有良好的工作態度，還會一一打電話給成員祝福生日快樂，並簡單閒聊幾句。不過，領導者不需無時無刻都在場，事實上，同儕對同儕的非結構化時間，也是個很適合領導者推動的絕佳構想。領導者可安排團隊成員兩兩成對，規律地（每周至少一次）利用線上活動來確認彼此近況。此外，領導者也可要求這兩位成員用實際作為對彼此表達感謝，例如禮物卡、對方的親友會覺得有趣的事物或手寫卡片。團隊成員可以藉由這些行為，在工作以外的時間變得更熟悉，建立連結與情感，打破孤立狀態。也可以在團隊中輪換兩兩成對的對象，讓每個人都有機會和不同成員建立連結與情感。

另一個對領導者來說十分重要的事是強調個體差異，讓成員們瞭解他們能利用的每個同伴優勢。團隊成員很容易在提出意見時感到猶豫，他們需要領導者主動鼓勵提出不同的意見。領導者很容易太過強調組織與效率，以致在不經意間抑制了成員（有時甚至是具有淵博專業知識的夥伴）提出不同意見的機會。在我研究的其中一個案例，一位軟體開發者的團隊領導者無法忍受任何反對意見，因此，這位軟體開發者為保住工作而保持沉默，沒有對某個特定設計提出反對看法。四周後，整個團隊因他當時早就預見的問題，而陷入一片混亂。

領導者應該要為了推動團隊彼此交換觀點，而請其他人提出意見：「你對這個新提案有什麼看法？」「有沒有人能提出其他意見？」議程項目也應該要開放討論。強調這種差異，也能在淡化子群體的邊界時加強個體性。領導者應該要避免用子團體來稱呼某個人（「正如來自紐約的同仁提到的……」「正如工程師同仁提到的……」），焦點應該要放在個人的觀點與知識上。

強制成員針對構想、工作與流程產生有成效的衝突，可加強團隊的能力，也能創造出適合的條件，讓成員意識到自己的能力與力量。

相較於同地點工作，在遠距工作的環境中，衝突與分歧較難具有組織性，也較難持續發生。理想上來說，領導者與成員在心理上應該要覺得足夠安全，願意釐清衝突，把衝突當作學習機會。因此，團隊應該要把分歧的意見視為正向回饋，也就是單純的觀點不同，讓團隊成員們明確地知道提出不同意見不會被怪罪為「惹麻煩」。在成員提出分歧意見時，應該要給出此類回覆：「我很喜歡這個構想……讓我們腦力激盪出更多類似的想法吧。」如果其他人反對，可請他們提出具體的評論：他們的顧慮是什麼？如此一來，各個構想的倡議者就可在討論過程中擔任積極主動的角色，解決其他人提出的問題。如果這種柔性方法沒有用的話，領導者應該要強制團隊公開談論這種衝突。領導者要做的事，並不是邀請成員們發洩委屈或針對個人與文化的差異不停抱怨，而是有意識地引導成員們公開提出條理分明的反對意見，刺激所有人對某個工作或流程進行創新思考。

在同地點工作時，你可以利用面對面接觸的機會，但遠距領導則沒有這種機會。你在面對面領導時努力打下的基礎全都消失無蹤。能夠體現實體世界的視覺與聽覺，如今全都匯聚在充滿限制的單一數位管道裡。無意間或計畫好的非正式碰面也不復存在，你再也不能趁著喝咖啡的休息時間去找其他人聊天，也不能為了加強你與同事間的情感連結而找他們吃午餐，交換一些生活上的小故事。雖然遭受了種種損失，但團隊領導者依然可以讓團隊做好準備，並強化團隊的能力。你的目標是確保團隊能在你缺席的狀況下，依然受到你的領導力影響，創造出適合的條件，讓成員能意識到自身具備的能力與力量。

雖然遠距領導在許多面向上都會帶來非常獨特的挑戰，但遠距領導也會帶來絕佳的益處。多數時間，重點都在於學著重新導向，放下過去在同地點工作與非正式溝通時依賴的面對面工具組，轉而使用類似的線上工具組或全新的方法。領導遠距團隊時，你一樣可以使用領導同地點團隊的許多規則，不過你在付出努力時必須更加留神與謹慎，才能在遠距領導時達到如同地點領導時的結果。遠距領導時，你往往需要更努力地設法讓團隊成員覺得互動是非正式的，更加有意識地創造出適合非正式互動的時間。最關鍵的其中一點在於，要設法理解子團體與斷層線會以哪些方式出現在分散式團隊中，並抑制這種分歧。另一件同樣重要的事是，你必須規律且持續地和無法見面的遠距團隊夥伴溝通。一旦你能確實理解遠距工作必定會帶來的風險，並設立基本的應對措施，就能愉快地帶領一支忠誠的團隊，每位夥伴將會發揮個人的獨特能力為團隊貢獻。你和你的團隊將會覺得充滿力量，足以處理未來可能發生的任何問題。

行動指南：遠距領導

- **差異最小化。**團隊成員所處的地點是重要的。在分散式團隊中，成員會有地理位置的差異；在混合式團隊中，遠距工作與非遠距工作的成員也會有地理位置的差異，這些差異產生的子群體與社會動態很有可能會導致衝突。領導者必須格外留意並主動管理這些差異，當有成員獨自工作時尤其如此。
- **強調優點，而非地位。**團隊中的子群體會依照人數多寡來區分等級，產生真實的或認知上的地位。這種有關地位高低的感知會帶來有害影響，而領導者在抵制這種有害影響時，可以採取持續的行動，認可所有團隊中的個人力量，有助淡化成員間的認知地位差異或真實地位差異。
- **推行大範圍的目標。**每一支團隊中都會有斷層線。領導者在對付斷層線帶來的損害時，可建立並強調「整個群體的身分認同」[14]：這種保護傘式的身分認同能把團隊內的每個人連結起來，成為一個整體，而非一盤散沙。領導者也可強調「上層目標」，也就是所有人應該要設法達成的大目標，並提醒成員，每個人付出的努力都是對目標的貢獻。

- **創造結構。**遠距工作者非常需要可預測性。領導者在描述工作內容與工作責任時，可提供明確、持續且直接的對話，滿足遠距工作者對可預測性的需求。
- **提供回饋。**相較於同地點的工作者，遠距工作者的表現與事業前景都不會比較差。領導者必須提供有建設性的適當建議，藉此支持個人的目標。
- **推動成員熱誠投入，但不要避免衝突。**請確保你的團隊會為了增強凝聚力而堅持不懈地努力。可在線上會議的一開始，安排非結構化的時間讓成員們閒談，也可安排線上娛樂時間，幫助團隊建立更深刻的連結。領導者也應該鼓勵成員們欣賞彼此的不同，並營造足夠安全的環境，讓成員願意說出反對意見與憂慮。

第八章

如何幫助團隊為突如其來的全球危機，做好準備？

Remote Work Revolution

一場大風暴，正在土耳其首都伊斯坦堡醞釀。反政府示威者在塔克辛蓋齊公園的激烈抗議，成為國際頭條焦點。鎮暴警察在設法壓制群眾的過程中，向人行道上的人群投擲多枚催淚彈。伊斯坦堡市被博斯普魯斯河一分為二，一邊連接歐洲，一邊連接亞洲，跨越這條河的數座橋梁是伊斯坦堡的驕傲。但在二〇一三年夏天，一條新的鴻溝深深嵌進土耳其社會中，且幾乎沒有任何橋梁能連接兩側——這條鴻溝，就是進步派與保守派之間的世代分歧。隨著示威抗議越演越烈，國家內亂也越發嚴重。主流土耳其社會開始大肆宣揚存在已久的反美論調，當抗議群眾在街上把可樂倒掉，發誓再也不會購買可口可樂公司的產品時，這些反美論調轉變成了行動。他們將可口可樂這個品牌，視為美國的代表產品，於是可口可樂成為西方國家干涉與壓迫土耳其的象徵符號。

可口可樂在土耳其、高加索地區和中亞的業務總裁是加利雅·莫利納斯（Galya Molinas），她立刻敏銳地注意到群眾倒掉可口可樂背後所代表的意義。她和女性占多數的團隊才剛打破公司紀錄，績效與銷售量已連續十七個月上升。莫利納斯向來以溫和友善與聰明能幹聞名，她已經在公司工作二十一年，是一位表現優異的資深員工，可說是現代土耳其領導者的典範。但是，在政治動亂爆發後，她負責的業務單位就像其他美國公司一樣，銷售量驟然大跌。她很清楚如今這些超出她控制範圍的外部事件，將會危及她的團隊達到更進一步的成績。

在如今越來越全球化的商業環境中，莫利納斯與團隊的案例，能讓我們理解在某個國家或某個地區所發生的事，會如何造成全球性的影響。如果你領導的是跨國團隊，你很可能會遇到因外部事件所引發的意外狀況，就像「在公共場所倒掉可樂」一樣。我們如今居住與工作的環境是互相連接的全球市場，這個市場正是創造出一系列小型危機的主要因素，也是所有領導者都必須具備全球視野的主因。這個世界的每個角落都是緊密連接的，對此概念有任何疑慮的人，也都會在二〇二〇年的新冠肺炎疫情爆發後放下懷疑。新冠肺炎所帶來的全球危機不但使數百萬人突然被迫遠距工作，嚴重打亂了原來的生活節奏，更使各國的關係在合作與競爭資源之間輪替，也破壞了國與國間的地緣政治關係。

在上一個世紀，美國麻州出身的知名政治人物提普．歐尼爾（Tip O'Neill），提出「所有政治，都是在地政治」的概念，並使之流行起來。他相信無論在小群體中發生了什麼事，最後都必定會影響到政府，而具有影響力的政治人物則必須時刻傾聽當地選民的日常憂慮。如今，我們也可以說「所有領導能力，都是全球領導能力」。在培養全球領導能力的過程中，很關鍵的一個面向是**謹記全球性議題，將會無可避免地衝擊在地**。無論你管理的團隊有多麼在地，都必須時刻掌握當下發生的全球性問題，並學習發展出新的能力，以便在遇到可能會影響組織的全球性危機時，能即時做出回應。全球性與在地性，必須同時運作。

在本章中，首先我會解釋**波動**、**不確定**、**複雜**與**模糊**（volatile、uncertain、complex與ambiguous，後文將以每個名詞的英文首字母VUCA代之）這四個因素，會如何為這種互相關連的全球漣漪效應創造出適當條件，並描述這個世界有哪些特徵能讓我們看出危機即將來臨。接下來，我會介紹跨國團隊的領導者在這個互相連結又很可能發生危機的世界中，應該要學會轉換成何種觀點，並解釋這種觀點和蘋果手機有何相關。你將會學到何謂社會學家所說的**來源國效應**（country-of-origin effect），以及為什麼在這個互相連結的世界中面對挑戰時，一支具備多元性的團隊是必要的。各位將在本章中讀到莫利納斯的故事，瞭解她與團隊如何成功扭轉績效驟降的危機，以及如何在新冠病毒為世界帶來革命性轉變時，改變領導方式。

我們如今的生活方式

在這全球化的年代，每家公司都存活在重視VUCA的世界中。VUCA原本是美國陸軍戰爭學院[1]（U.S. Army War College）所使用的詞彙，用來描述軍事領袖帶領軍人時必須面對的環境，如今我們可以把VUCA應用在市場崩盤、自然災難或公共衛生危機等狀況上。在現今的世界裡，VUCA已經是常態。若想釐清要如何以最好的狀態面對接下來的巨大挑戰，你該做的第一步就是瞭解這些詞彙，並認清世界當前的面貌。我提供的例子只是冰山一角，你絕對可以找到更多佐證。

波動性，描述的是動態的、突然的、迅速的一種持續改變狀態。在街上倒掉可口可樂的抗議者，對公司來說是無法預測到的一項挑戰。沒有人能預測抗議會以何種形式出現或持續多久。其他波動性的例子，包括自然災害導致供應短缺後的價格波動，或世界各地的新冠肺炎感染率是上升或下降。

不確定性，指的是這些突然又迅速的改變，具有無法預測的特質，這種特質使我們難以事先做出相應準備。雖然莫利納斯很清楚抗議事件會影響可口可樂的銷售，也為了應對這個狀況而採取行動，但她無法確定自己做的改變是否能夠提升銷售。在不確定性的案例中，較常見的案例包括競爭對手何時發售新商品，或新疫苗的研發時程及有效性。企業停止招聘、失業率的上升與下降或政府頒布新法規，都是不確定性滋生的條件，而領導者必須在無法準確預測結果的狀況下，設法應對。產生不確定性的因素往往不只一個，如當某個國家頒布新法規時，競爭對手也發表了新產品，在此同時，經濟狀況也開始逐漸衰退。

複雜性，指的是某些狀況是由多面向且不斷改變的局部所組成。光是複雜性本身，就會創造出多個難以控制甚至無法控制的條件。二〇一三年，莫利納斯負責管理的地區包括中亞八個國家與土耳其，她和團隊所做的任何決定，都必須考慮到極為分散的多支在地團隊、裝瓶商、市場、消費者、地區領導者的立場和固有文化傳統，此外還必須配合公司總部的決策。從定義上來說，跨國這件事本身，就代表組織在運行時必須適應十分複雜的網路，這個網路包含多個不同國家的法律、規範與習俗等。現今社會中，有許多組織都必須適應這種複雜性。醫院、金融機構、科技公司和機場在運作時，必須考慮的複雜條件是一百年前的人連做夢都想像不到的。此外，複雜性也會使公司容易分裂或出錯，進而招致或大或小的危機。

模糊性，指的是面對的狀況是「未知的未知」＊，而且狀況的因果關係並不明確。莫利納斯不可能在二〇一三年之前，預知土耳其領袖的決定會影響到她負責管轄的亞塞拜然與烏茲別克的在地市場。另外由於同樣位處中亞轄區的亞美尼亞與哈薩克距離伊斯坦堡十分遙遠，所以從定義上來說，這兩個地方的在地市場之詳細狀況也一樣是未知的未知。她和其他正進入新興市場的跨國團隊領導者一樣，必須在狀況十分模糊的條件下工作。七年後，她工作的環境將會變得更加模糊，同時也具有更高的波動性、不確定性與複雜性，原因是波及全世界的新冠肺炎疫情。我稍後將會描述她是如何應對的。雖然我們無法確知新冠肺炎將會對組織、工業與社會帶來哪些長期影響，不過能確定的是，整個世界都會出現巨大轉變。在疫情期間，每個國家領袖都必須在無法準確預測政策結果的狀況下，衡量隔離政策與商業利益之間的得失，並做出決策。

總括來說，這個世界是由波動性、不確定性、複雜性與模糊性所組成的，這四大要素就像一個會定期帶來危機的火藥桶，而如今的企業領導者必須一邊在這個火藥桶的伴隨下，帶領組織前行。市場崩盤、自然災害、公共衛生危機、政治劇變——這些全是跨國團隊領導者必須預期，並準備好面對的意外危機。

從本質上來說，為團隊做好面對危機的準備，代表的是把你考慮的範圍，大幅擴展到團隊、市場或企業之外。我花了許多年的時間和來自世界各地的數百位領導者見面，討論怎麼樣才能在遇到這種危機之前做好最充足的準備，在這段過程中，我發現無論是跨國市場或在地市場的領導者，都必須培養全球領導力（Global Leadership Aptitude）。因此，各位必須學會**轉換成全景觀點**，**主動建構情勢**，並鍛鍊出**立刻採取行動**的能力。每一個能力都具有廣泛的應用方式。接下來，讓我們跟隨加利雅・莫利納斯的腳步，觀察她如何應用這三種能力。

＊unknown unknowns，指的是我們不知道自己其實不知道的事物。與之相對的還有「已知的已知」（known knowns），指的是我們知道自己已經瞭解的事物；以及「已知的未知」（known unknowns），指的是我們知道自己有不知曉的事物。

全景觀點

在理解何謂「全景觀點」時，不妨回想一下相機的拍攝模式，尤其是如今許多人都在使用的蘋果手機拍攝模式。我們都知道，在拍攝大範圍的鄉村地景或房間的三百六十度全景相片時，要使用相機的風景模式。若想拍攝特寫畫面，例如戶外的某一棵樹或房間中某位朋友的表情，要使用人像模式。同樣道理，跨國團隊領導者必須學會如何把注意力從大範圍事件轉移到小範圍事件上，如把注意力從涵蓋範圍極廣的跨國危機，轉移到團隊動態或在地銷售數字上。

在轉換成全景觀點的過程中，第一步是檢視當前的全球議題。領導者絕不能只關注單一地區的新聞。就像風景模式一樣，你必須保持視野越寬廣越好，關注所有國際事件，包括油價波動、勞工法規的改變，以及可能會影響到整個生態系的農作物短缺或過剩。無論這些國際事件是暫時的、發展迅速的或容易改變的，我們都必須保持警覺，深入理解可能引發的影響。其中一個簡單卻必要的行為，就是養成閱讀不同國際新聞媒體的習慣。如此一來，才能盡快掌握各大國際事件，無論這些事件與地緣政治是否有關，這都是定義在地問題的第一步。你的「全景模式」觀點，將會在你負責的業務管轄範圍中，產生影響力。

最近我詢問莫利納斯，她都閱讀哪些媒體以獲取資訊。她向我承認並不太看電視上的新聞頻道，因為這些頻道不會「提供觀點或幫助閱聽者培養更深刻的理解」，且新聞往往變得「高度政治化」。她列出她的線上媒體清單給我：BBC、《紐約時報》（*New York Times*）、《華爾街日報》（*Wall Street Journal*）、《金融時報》（*Financial Times*）、《經濟學人》（*Economist*）、半島電視台（*Al Jazeera*）與《大西洋月刊》（*Atlantic*）。她說周遭也有許多知識淵博並在不同方面有深入造詣的人會提供各種資訊給她，這些人的興趣十分廣泛，包括生物、政治、醫藥與社會學等，她因此獲得許多知識。

在這個波動極大的全球環境中，任何事都有可能發生，隨時密切注意全球新聞有時會使我們夜不成眠。在土耳其的反美情節演變成大街上倒掉可口可樂的行動時，莫利納斯與她表現良好的團隊在一開始都驚訝到不知該作何反應。他們才剛在數個月前突破業績紀錄而已！他們所在的業務部門是整個可口可樂公司中，唯一連續兩年達到兩位數銷量成長的單位，在二〇一〇年與二〇一一年更贏得公司內部多個獎項。曾有中國的業務團隊來向他們取經，想知道莫利納斯與團隊為何能在裝瓶商分散各地的廣大區域中，成功克服工作上的挑戰。如今她卻眼睜睜地看著營收不斷劇烈下滑，沒有任何明確跡象能讓她掌握這場可怕損失會在何時停止、該如何停止。在伊斯坦堡越演越烈的抗議活動，是典型的VUCA狀況，這些抗議活動像是突然間倉促出現的一片天花板，阻擋了莫利納斯原本直衝雲霄的工作表現，甚至可能會傷害整個團隊的士氣。

但當她把拍攝模式轉換成全景模式時，發現在當時的地景中，最顯眼的就是在土耳其延燒的反美情緒。社會科學家把這種現象稱作「來源國效應」。若能理解來源國效應與其後續影響，你將更容易在這個相互連結的世界中，找出並應對這種十分常見的危機。

克服來源國效應

來源國效應，是社會學家羅伯特・斯庫勒（Robert Schooler）在一九六〇年代中期首次提出的詞彙[2]，該效應對全球化經濟帶來重大影響，在行銷業尤其如此，因此這是領導者必須優先面對的課題之一。簡單來說，來源國效應指的是**消費者因對某產品或服務的來源國有先入為主的印象，便用這種印象去評價產品或服務，而不去考慮產品真正價值。**雖然來源國效應有可能帶來正面影響，但多數時候都是負面效應，正如土耳其國民因反美情緒而拒喝可口可樂一樣。

身為一位跨國團隊領導者，必須預先設想到來源國效應會對營收所造成的威脅。這些威脅有可能是前所未見的大規模抵制。如今社群媒體連結了全世界，消費者可利用網路即時傳遞資訊、組織大規模活動，並在發現某些國家的政策令人反感時，動員其他人一起抵制總部位於那些國家的公司。

首先，讓我們來檢視幾個來源國效應的中東案例，遇到此狀況的領導者必須轉換成全景觀點才能克服此效應。在反西方情緒的推動下，中東出現數次消費者抵制活動與抗議事件，這些事件反映出中東不斷波動的政治動盪與轉變。

因消費者的抵制，迫使英國首屈一指的連鎖超市森寶利（Sainsbury's）必須在二〇〇一年離開埃及市場，在這之前，這家跨國公司已經在兩年內遭受超過一億兩千五百萬美元的損失。雖然該公司能提供工作機會與受歡迎的商品，但在森寶利可能和以色列有關連的消息傳出後，埃及內部爆發一場嚴重抵制。消費者以抵制森寶利的方式，表達反對以色列軍方在巴勒斯坦領土上，用軍事鎮壓手段平息抗議。另一個例子是在中東深耕已久的丹麥公司亞諾食品（Arla Foods）。由於中東消費者認為丹麥一家報社出版的卡通圖像是在恥笑伊斯蘭信仰，所以消費者在二〇〇六年開始抵制亞諾食品，導致該公司差點完全撤離整個中東市場。其實除了亞諾食品與這家報社都是來自丹麥之外，這兩個組織根本沒有其他明顯的連結。儘管如此，亞諾還是必須做出回應。

來源國效應有時並非源自事實，而是**觀感**。若想扭轉消費者的嚴重負面觀感或重新建構正面觀感，**有效率的溝通與訊息傳遞**是最重要的關鍵。亞諾食品之所以能繼續留在中東市場，是因為後來在中東各處買下全版報紙廣告，公開譴責那些冒犯中東人的卡通圖像並與其脫鉤。同樣地，當有流言指出瑞士的雀巢（Nestlé）在使用丹麥的奶粉時，雀巢在沙烏地阿拉伯的報紙上刊登廣告，向消費者說明該公司產品原料並非來自丹麥。

身為領導者，必須理解並謹慎地留意消費者的抵制活動，這種活動往往和國際政治事件關連較大，與企業行為的關連較小。不久前，我在和墨西哥的幾位執行長討論來源國效應時，談到二〇一六年的美國總統大選。會議中的多數執行長都表示，他們在川普選上第四十五屆美國總統時，全都因太過震驚與恐懼而無法做出反應。當川普還是候選人時，就說過會制訂嚴苛的墨西哥交易法規，加強驅逐墨西哥人出境，並威脅說他要在墨西哥邊境建立一座牆。川普當選後不久，墨西哥消費者便開始抵制美國產品[3]。在墨西哥被抵制的美國公司，包括麥當勞、沃爾瑪、可口可樂和星巴克等，墨西哥人在社群媒體上大量使用「＃AdiosStarbucks」[4]，也就是「＃星巴克再見」的主題標籤。此外，許多供應鍊都因此逐漸切斷、原本應該能輕鬆得標的合約瞬間失效，墨西哥貨幣比索（peso）亦受到嚴重衝擊，使得每一家位於墨西哥的公司同樣受創。

美國消費者也無法對來源國效應的影響免疫。社會科學家隨機調查五百位德州居民，列出來自三十六個測試國的商品，詢問受試者的購買意願高低，這三十六國的社會經濟狀況與政治結構都有一定程度的差異。科學家發現，受試者「購買意願最高的商品具有歐洲、澳洲或紐西蘭文化脈絡，來自經濟發達的自由國家」。換句話說，人們較喜歡商品來源國的信仰系統與文化氣氛與自己的國家相似，較不喜歡商品來源國在他們眼中與自己的國家互有敵意或有所差異。

建構情勢

當你使用人像模式拍攝家庭照、精緻的餐點甚或自拍時，你會花一些心思建構這張照片的構圖。照片中應該有多少背景？從哪一個角度拍？你要拍攝多少張才能拍好？建構情勢，指的是你**要以類似方式，為團隊做好準備，讓他們有能力面對全球化帶來的危機**。在你綜觀周遭全景，預測到危機即將來臨時，一定要仔細檢視你該在團隊中做出何種改變，如此一來你們才能面對未來的全球性事件所引發的挑戰。

舉例來說，在二〇一六年美國總統大選前數個月，公司位在墨西哥的執行長就應該要更詳盡地預測多種可能情勢，以便應對這些事件對商品或服務所造成的各種影響。**請把你的拍攝模式從全景模式轉變成人像模式，藉此建構情勢，這麼一來你就能主動預測眼前的事件可能會在未來帶來哪些短期與長期影響。**隨著全球政治氛圍變得越來越極端，顧客將對這些極端狀況做出相對應的回應，因此，主動預測與建構可能情勢，也將變得越來越重要。

在二〇一九年末至二〇二〇年初，新型冠狀病毒迅速跨越國界傳染開來，全球首次注意到這種病毒的存在與威脅。在這段期間，領導者做出的各種反應就像石蕊試紙一樣，能讓我們看出建構情勢是否有效。首先，讓我們看一看路易斯安那州紐奧良市的領導者，是如何建構情勢的。

紐奧良每年都會舉辦狂歡節慶典（Mardi Gras），該慶典會吸引一百多萬名來自世界各地的遊客。在狂歡節的一個多月前，美國政府宣布中國的新型冠狀病毒對美國大眾的威脅性極低。紐奧良市的市長、衛生局高級官員與狂歡節籌畫人選擇相信美國政府說詞。然而這個錯誤判斷造成慘烈的後果。狂歡節在二月二十五日舉行，超過一百四十萬人把紐奧良市的街道擠得水洩不通。二〇二〇年二月二十五日當天，美國疾病管制中心（Centers for Disease Control）發布警告，指出疾病可能會在美國擴散，各大城市應該要開始制訂嚴格的隔離規範。但這個警告來得太遲，傷害已經造成。有些城市建構的情勢錯誤，有些城市建構的情勢放錯焦點，有些則根本沒有建構任何情勢。

將近兩周後，紐奧良在三月九日出現第一位新冠肺炎感染者。病毒持續擴散，紐奧良市馬上成為美國至今感染率最高、死亡率也最高的城市。在這之後，市長依然堅持當時舉辦狂歡節的決定沒有錯，他堅持紐奧良市正確地依據當下能得到的資訊行事：當時聯邦政府並沒有警告說美國「有可能將要面臨一場流行病危機」[5]。然而，當時早就已經傳出這種致命病毒到處肆虐的消息了。很顯然地，光是發現地平線上有危機即將逼近是不夠的，領導者必須立刻接受這個現實。專家發現，領導者沒有留心警訊，往往是因為他們誤以為組織無懈可擊，或者因為他們可以在否認現實之後保持正常的運作模式[6]。美國與世界各地許多城市的領導者都成功從各種不同角度建構出情勢，他們調查各種資訊來源、正視逐漸迫近的威脅，並採取他們能做到的所有必要防範措施。而紐奧良市則因無法或不願意建構情勢，沒有正視地平線上正在形成的風暴，所以受到嚴重衝擊。

新加坡採取與紐奧良市完全相反的行動。在發現來自中國武漢的新冠肺炎有可能帶來致命威脅時，新加坡建構情勢的方式，可稱得上是一種楷模。新加坡就像冰島、紐西蘭與南韓等國家，在一開始就成功控制國內感染人數，並把數字保持在低點。政府健保系統預先調動各種重要資源，避免疾病帶來的威脅。由於新加坡曾應對過二〇〇三年的SARS大爆發等公共衛生危機，所以國家領導者靠著這些經驗轉換成「人像模式」，預先考慮到可能會發生在人民身上的各種狀況。他們一開始就在政府官員、醫療管理人員與員工之間啟用準確又有效率的溝通方式，準備好篩檢與追蹤技術，並確保人民理解居家隔離措施的目的。由於領導者召集組成全國性的協作任務小組，在各層面上都對二〇二〇年新冠肺炎的公共衛生危機，做出準確的情勢架構與預測，所以新加坡受到的影響相對較小[7]。新加坡的領導者在看到地平線上的危機時，立刻理解並建構出當下的情勢。

用多元思維，產出解決方案

二〇一三年莫利納斯在土耳其所遇到的危機，雖然沒有新冠肺炎那麼反覆無常、複雜又影響深遠（莫利納斯之後當然也必須應對二〇二〇年的事件），不過土耳其的危機更能代表跨國團隊領導者時常會遇到的危機。她的跨國業務單位正在步向失敗，很大一部分原因在於外部事件的衝擊所導致的改變。她必須為此建構情勢。莫利納斯決定從最關鍵的地方開始訓練特寫人像模式：她的團隊。

莫利納斯說，她的團隊成員都是「傑出的分析師、傑出的銷售員、傑出的人」。所有成員的專業與文化背景都很相似，而且除了其中一位成員外，所有成員都是四十多歲的女性。他們彼此合作得很好，甚至可說相當順暢。遇到問題時，每個人都能充分發表意見。團隊內鮮少爭論，正如莫利納斯所說的，他們「對彼此很好，眼睛全都看著同一個方向」，沒人會挑戰對方的觀點。但莫利納斯先前就已經發現，這種全體一致的同意，對公司的未來不是好預兆。然而團隊不斷因營收上升而獲獎，所以她並沒有破壞現狀。

不過，當二〇一三年的危機出現時，她不得不接受這支傑出團隊會對績效表現帶來不利影響。雖然他們有多年經驗，但她注意到團隊在遇到抗議與反美情節導致的危機時，缺乏可重新架構商業模式的能力。為主動預測接下來可能發生的事並決定之後要如何改變，她需要一支新的團隊，該團隊必須用新的方式來解決各種議題與困境。從本質上來說，她必須重新建構整個情勢。

事實上，除了土耳其之外，這支團隊過去從不曾在中亞的新興市場中理解、解讀並應付有關消費者方面的政治危機與營運危機。更重要的是，沒有任何一位成員能從大方向針對因社會動亂所引發的商業問題，提出任何觀點或解決方案。莫利納斯知道，如果她想深入瞭解新興市場動態，並規畫未來遇到這種狀況時該如何解決的話，她需要的是來自不同環境並擁有此類經驗的人。

這些新想法並沒有立刻浮現在她腦海中。莫利納斯告訴我，她日復一日地煩惱這件事，希望能找出最好的前進道路。她需要為公司止血，而她的團隊在這種狀況下卻毫無貢獻。她沒有像某些領導者一樣在遇到危機時做出被動反應或防禦反應，而是認真地試著理解問題根源，思考應該要做出何種管理上的改變。等到她終於從多種不同角度建構出目前的狀況，看清即將面對的挑戰後，她做出一個大膽決定：「我們要在全球各地，為所有關鍵職位招聘最優秀的人才。」換句話說，她意識到團隊成員的必備能力中，曾處理過無法預測的經濟問題或曾有在新興市場任職的經驗，正變得越來越重要。

「雖然公司上級領導階層對現狀表示不安與憂心，但我們還是做了該做的事，我們必須做出一些勇敢的決定。」莫利納斯解釋道，「我們雇用更多男性，也雇用更多來自其他國家的人。」她在思考這次經驗所帶來的教訓時，說道：「我發現多元思維，對領導者來說非常關鍵。你不會因為身為傑出經濟學家或傑出財務專家就存活下來，你需要徹底瞭解不同國家的動態。為達到這個目的，必須組建一支強大、多元又經驗豐富的團隊。」

許多研究最佳團隊組成的人，都和莫利納斯有相同見解。當跨國團隊成員具有多元人口結構背景、性別、宗教信仰與文化時，團隊將會具備更好的認知能力，可找到應對變化時所需的有效解決方案。在結合不同觀點與經驗後，團隊將更有可能提出獨一無二的觀點，最後獲得更好的解決方案。

在二〇一五年與二〇一六年間，來自墨西哥、南非與希臘的三位資深主管加入莫利納斯的團隊。莫利納斯回憶道：「他們帶來在亞洲、俄國、中東、南歐、非洲與拉丁美洲等區域的二十個新興市場工作的經驗。人資總監曾在納米比亞與撒哈拉以南的非洲地區工作。行銷主任則曾住過委內瑞拉，他在那裡遇到的難題和烏茲別克很像。」她確保團隊雇用的每一位新成員，都曾在多個不同國家工作過，也曾遇過類似她如今所遇到的狀況。

我們一次又一次地看見實例證明，來自不同背景的個體能在互動過程中，帶來創新的解決方案，這些方案不但能勝過成員背景相似的團隊所提出的策略，還能在未來更有效率地找出問題、並催生出前所未有的解答。對莫利納斯帶領的這類跨國團隊而言，在遇到不斷變動的新威脅與外部威脅時，最需要的就是找出問題與提出見解深刻的創新解決方案。

不過，除了多元化之外，跨國團隊的成員也必須擁有共通點，才能順利合作。莫利納斯的一位新團隊成員還記得，團隊能運作良好是因為「團隊具有相同核心價值，如真摯、誠懇、非政治導向與任務導向。」他們彼此合作並討論各種不同意見，最後提出切實可行的解決方案。莫利納斯能看出成員們都很開心，正逐漸適應新角色，她在談到這些成員的未來生涯時，抱持正向態度：「我們設法送了幾個人去其他國家進行短期工作。現在，他們必須擔任更重要的角色。」

統領團隊是一項非常浩大的工程。莫利納斯特意延攬戰略思想家加入團隊，希望他們能找到並提出獨一無二的觀點。「我很高興自己做了這個決定。」她說，「就算這件事代表我要付出額外的努力，才能確保新團隊具有凝聚力。」原本的八位成員中，只有兩位留下。她的品管經理在論及她和這個多元化新團隊合作的經驗時表示：「多元化好不好？當然好啊！但多元化輕鬆嗎？這又是另一個問題了。我已經習慣和來自許多不同國家的人一起工作了。多元化團隊能促進不同觀點，但這些同事的商業文化和我們不一樣。一般來說，我們在土耳其的文化是友善對待彼此，我們不走攻擊性的風格。和裝瓶商合作時，維持良好關係是關鍵要點。團隊的新成員需要花些時間，才能理解這裡的文化、現實情況與我們的工作方式。」

這位品管經理提出對多元化團隊來說，非常重要的一個關鍵：文化與個性，會影響每個人在遇到矛盾與衝突時的感受。為幫助那些不太願意公開表達不同意見的成員，他鼓勵先從個人層面認識彼此。一但覺得彼此之間足夠熟悉了，自然會互相信任，也就比較不會覺得提出不同看法會冒犯對方。團隊中有兩位成員有軍事相關背景，他們習慣的是充滿命令與控制的決策風格，而非合作與反饋。後來品管經理雇用了外部顧問和這兩位成員合作，成效顯著。

相對來說，這支團隊過去的成員非常相似，因此衍生出認知一致且效率極高的團隊動能；新團隊雖然相似程度較低，但終究會創造出能夠公開辯論、商討與彼此摩擦的健康團隊動能，而這樣的動能最後將會為團隊帶來創新的解決方案。莫利納斯指出她的團隊成員抱持各式各樣的不同觀點，並把團隊比作聯合國，她在描述時笑道：「我相信這是一個更健康的企業，也是更健康的團隊。因此，他們也更常爭論了。我覺得這件事棒透了！」

採取行動

其實莫利納斯先前就已經察覺到缺乏多元化，會對團隊帶來限制，而她認為正因這一次外部危機所帶來的衝擊，她才真正下定決心採取行動。她說這次事件，也讓她理解到「立刻為下一次危機做好準備」有多重要。她說：

我發現，當意識到某件事出問題時，一定要立刻追根究柢地詳盡處理，確保完全把問題根除了。否則，接下來勢必會有更多事件接踵而來，然後你可能會浪費更多時間。這就是為什麼應該要為了組織的健康、為了企業的健康，在看見問題時立刻採取行動。只要一察覺出現問題，就必須立刻行動。

在許多案例中，真正需要解決的問題，其實是團隊組成。跨國團隊必須在充滿多種國籍、社會、文化、信仰、種族等特性的人才庫中獲得多元化[8]，這種多元化能幫助團隊發展出多種能力，有效適應各種危機。在不斷改變的商業世界中，若想保有存在價值的話，必定會不斷遇到的一個問題，就是**適應**。市場一直在不停變動，我們需要多元化以啟發創意思考，才能成功適應環境並保有價值。若你的團隊成員曾在跨國市場有過工作經驗，他們往往已精通適應的藝術，他們可以做好調整，適應創新的工作環境，也能適應差異極大的市場、政治脈絡與其他情境。

莫利納斯發現，在新的團隊成員彼此分享過去經驗（尤其是在不同新興市場的經驗），並把這些經驗應用在適合的地方之後，團隊中自然而然就會出現各種不同觀點。舉例來說，在俄國市場有工作經驗的成員能提出適合中亞的觀點；另一位成員曾在委內瑞拉市場工作，遭遇過政治動盪與政變，他可以提出能應用在土耳其狀況的見解。此外，委內瑞拉的封閉式經濟狀態，和莫利納斯必須掌控的烏茲別克市場也有很多共同點。

新的團隊也讓她把團隊轉變成完全集中化的結構，這是她在危機之前拒絕使用的一種結構。她為土耳其市場設立新的總經理職位，讓總經理進入團隊，之後她也為中亞設立類似的總經理職位。這兩位總經理都會密切注意本身負責區域的市場運作狀況，並根據注意到的狀況迅速採取行動。

領導者和團隊若能融合來自不同市場中的多種工作經驗的話，就能根據團隊發現的市場資訊，採取相應行動。在提出新商業模式的構想時，我們需要多元的技能與背景所帶來的多元認知。當多元化集中在功能或技巧層面時，我們將更容易在經濟動盪時期，為核心事業規畫新的商品項或額外服務。雖然多元化團隊需要付出額外努力才能確保團隊具有凝聚力，但這種團隊提供的觀點能解決當下問題，並打開新的潛在機會。

組織結構與領導者的角色對團隊來說至關重要，而團隊結構也同樣是關鍵一環。換句話說，當團隊選擇在特定區域中用中心化、去中心化或混合方式運作時，這個決定也同樣會影響整個團隊。中心化的策略可較快找出現存與潛在的合作模式，幫助團隊進行決策與執行計畫。跨國團隊最需要的是和在地市場執行團隊保持密切連絡，藉此獲得有關在地市場的觀點，並迅速採取行動。

新冠肺炎期間，在墨西哥的莫利納斯

我在二〇二〇年七月連絡了莫利納斯。麻州在新冠肺炎第一個月受到嚴重衝擊，雖然七月的每日感染人數已經下降到很低的數字，而我家附近的商店也重新開張了，但美國的染疫個案還在持續增加。如今莫利納斯成為可口可樂公司在墨西哥的業務總裁，墨西哥的感染人數與死亡人數也都在成長，我想知道莫利納斯如何面對這個所有人都共同經歷的巨大衝擊。她是否因為過去發生在伊斯坦堡的危機，而預先做好各國封鎖的準備了呢？她是如何應對的？她和員工與同事，又採取了哪些措施？

墨西哥的可口可樂公司在三月十七日請員工回家遠距工作。莫利納斯和同事們一開始建構情勢的方式，是花許多時間和人類學家與社會學家對談、設法理解人們在情緒與行為層面上的感受，並試著推測哪些改變會是暫時的，哪些則會是永久的。他們也設法預測墨西哥與世界各地的政治領袖，會做出何種回應。

不過，這種建構形式的方法有其限制。莫利納斯承認她比較傾向別把時間花在查明未來狀況上，她把這種行為稱作「占卜」。她發現更有生產效率的應對方法是直接接受這場全球大流行已經「破壞一切」，沒有任何人——無論是執行長還是剛到職的行政助理——可以百分之百篤定任何預測。她不再追求準確預測，改為設法釐清他們可以做出哪些選擇，以及這些選擇會為日常工作帶來何種衝擊。

為適應這樣的新情勢，她舉辦線上員工大會，讓主管回答員工問題、請公司裡的心理醫師談論心理上會遇到的挑戰，並請數位資深主管提供他們的觀點。在公司所有人都回家工作後，她每天都舉辦三十分鐘的員工大會，持續五十八天。莫利納斯認為，在這新冠肺炎流行前互動密度極高的文化中，每日員工大會提供的溝通機會是尤其必要的，過去她每天光是從大樓門口走到辦公室就要花上二十分鐘，一路上她必須和每個人問好、彼此擁抱並問候員工家人。她指出，到了最後，員工大會變成「所有人彼此對話與學習的平台」。

莫利納斯和同事能夠快速反應，是因為他們先前已協調出五個原則，目的是幫助領導者管理危機的前一百天。第一個原則是「懷抱同理心，以人為本」，其他原則還有「管理當下，變得更強」以及「確保每個人的發言都以團隊為出發點」。隨著情勢改變，這些原則也跟著演進，變成適合管理第二個一百天的原則。她的公司簡化了五〇％的工作內容，按照重要性排列出十六個關鍵計畫，為了變得更強韌而妥善管理當下，使公司在重要的工作上保持一致態度。他們在四月的危機期間設立轉型辦公室，以中心化的方式管理預算與人力資源分配。她也更換了半數的高階主管團隊成員，並讓團隊採用三個每周例行公事：決策討論會、投資委員會與針對項目負責人的培訓課程。他們也全心投入協調該年的資源，發展出一套策略，希望能透過這套策略努力追求並達到關鍵的優先目標。

莫利納斯告訴我，雖然她一開始以為這次的公衛危機和過去發生的其他危機一樣，她可以靠著過去度過許多危機時留下的「肌肉與傷疤」來克服，但之後她驚訝地頓悟到，這場危機比過去遇過的任何危機都還要「龐大及複雜」。「這些經驗對我來說非常寶貴，深深影響了我。」她說。一開始，我很訝異她會使用「寶貴」這個詞，我們通常只會用這個詞形容貴重或稀少的事物。但「寶貴」，同時也能用來形容獨一無二的事物，正如美國詩人瑪莉．奥利佛（Mary Oliver）在她的著名詩作〈夏日〉（*The Summer Day*）中，對所有人提出的問題：「我們該如何運用這『狂野又寶貴的一生』？」我越是思考，就越覺得這個詞彙非常合適：如果我們能睜大眼睛留意危機，學習如何用最理智的方式建構情勢，接著以最快速度用我們所知的最好方式採取行動，個人與團隊將會獲得深刻而寶貴的經驗。演化的英文「revolution」，還有另一個意思是公轉，也就是一個物體繞著另一個物體轉動。在遠距工作革命中，我們必須自己決定要如何繞著彼此轉動，與如何善用得到的寶貴經驗。

行動指南：為全球性危機做好準備

- **綜觀當下各項全球議題，這是轉換成全景觀點的第一步。**定期閱覽多個國際媒體，這可幫助你預測全球性事件的發展將如何影響你的事業。
- **建構情勢與風險。**為你的團隊建構他們可能會遇到的情勢與風險，同時做好準備，面對全球事件可能會在未來所帶來的挑戰。遇到問題時不要一味防守，請明智地建構你遇到的情勢，並用特寫人像模式，從各種不同角度觀察當下狀況，思考潛在解決方案。
- **找同事、員工與專家談話。**設法取得各種見解，找出面對當下危機的最佳方案，並替未來的可能危機做好準備。
- **立刻採取行動。**一旦找到滿意的策略後，盡可能用最好的方案應對危機。
- **準備好或許會用到的激進改變方案。**制訂危機應對策略，並理解這些行動可能會需要深入的結構重組、資源重新分配、領導權重新調整或其他激進的改變。

行動指南彙總

此份行動指南彙總的目的，是為了幫助各位與團隊在工作環境中，能順暢地應用每一章提到的觀點與實務技巧。以下的每一組練習，都能幫助各位更加深入地反思、學習與應用該章節的內容。你的遠距團隊與團隊領導者將必須在此份行動指南彙總中回答各項問題，藉此鍛鍊執行遠距工作的順暢度，如此一來各位將能確實執行啟動步驟、建立信任、提高生產力、聰明使用數位工具、變得更敏捷、在差異中工作、遠端帶領團隊做好面對全球危機的準備。這些問題與練習的另一個目的，是讓各位與團隊在分享及討論此書內容及團隊適合哪些特定工作方式的過程中，培養出更緊密的關係。這些問題的目的並非在測試各位的能力，而是為了幫助大家不管在任何地方辦公，都能表現出色及有所成就。

各位可依照自身需求，使用此份行動指南彙總。你可能會想在讀完每一章之後，立刻執行行動指南彙總中的練習，這麼做的好處是能真正吸收知識並牢牢記住。你可能會想在遇到特定狀況時，直接執行與當下狀況最相關的練習。有些領導者會把適合個人的練習寄給每一位團隊成員，讓大家先做好準備，再使用領導者選擇的數位媒介進行團隊會議。有些人可能會想要在線上協作工具中發表這些練習，讓團隊成員能非同步或匿名參與練習。有一點希望大家牢記，那就是各位可在團隊的狀態出現變化時，隨時回過頭複習並重複這些練習。

第一章　如何適應遠距工作模式，並持續發揮能力？

接下來的練習，將會引導你的遠距團隊，執行遠距工作革命中最初也最基礎的步驟：團隊啟動步驟。請把以下提示，用來當成架構啟動步驟並跨出第一步的路標——更準確地說，是啟動路牌。你的團隊應該要瞭解啟動步驟的成功關鍵：改善團隊的共同目標、建立溝通常規、理解每位成員的貢獻與限制，並找出邁向成功的必需資源。如果你是領導者的話，應該要運用溝通管道來幫助團隊成員成長。

各位必須要在每一次的重新啟動步驟中，不斷重複並調整這些練習。正如第一章已明確提及的，如果只把啟動步驟看成一個獨立事件，並選擇在開始工作前就捨棄掉，那麼後續的重新啟動步驟就絕對不可能成功。在任何團隊——尤其是遠距團隊——的生命循環中，啟動與重新啟動，都是必須持續執行的步驟。

1. 描述你的團隊共同目標。

2. 你會如何描述團隊的溝通常規？

3. 請在下表中，記錄團隊在重新啟動步驟中討論的想法，以改善目前的溝通常規。

溝通常規	影響

4.請在下表中寫下成員們的貢獻與限制。

團隊	貢獻	限制
珍妮	珍妮是在公司服務二十年的資深員工，擁有大量與公司相關的知識。	因為她是遠距工作者，所以工作地點的時區和團隊中的多數人不同。

團隊	貢獻	限制

5. 請在下表中，列出達到團隊目標所需的資源、這些資源能如何幫助你成功，與這些資源位在何處。

什麼資源	如何	哪裡

什麼資源	如何	哪裡

6. 如果你是團隊領導者，請提出三個如何在啟動步驟與重新啟動步驟中，向團隊表示關懷與肯定的構想。

第二章　我如何相信同事，假如我們根本見不到面？

在接下來的練習中，你和團隊要學習的是幫助遠距團隊成員建立信任的關鍵：信任曲線、認知的尚可信任、認知的快速信任、情感信任、直接知識與反思知識。信任的種類與多寡，會依據每支遠距團隊的狀況而有所不同。這些練習能幫助各位決定本身的遠距團隊應該要採用何種信任模式，以及你的團隊成員與客戶之間要建立何種關係。

1. 你要如何應用信任曲線，來幫助成員決定在達到目標的過程中，需要哪種層級的信任？請具體說明。

2. 快速信任與尚可信任之間有何差別？說明時，請用你的遠距團隊為範例。

3. 描述你曾在過去六個月內的遠距工作中，與對方建立情感信任的人。你在這段信任情感關係中，是否注意到彼此有哪些語言或行動？

4. 制訂一個幫助你和遠距同事，增加彼此的直接知識的計畫，藉此更加理解對方的人格特質與行為常規。

5. 制訂一個幫助你和遠距同事，增加彼此的反思知識的計畫，藉此進一步瞭解團隊成員如何看待你，以及試著從他們的角度同理。

6. 請提出三個構想，幫助你和遠距客戶建立認知信任與情感信任。

第三章　遠距工作模式下，團隊如何維持高生產力？

在遠距團隊合作中，有三個可靠準則，能判斷團隊生產力是否正逐漸上升而非下降。一、成果。二、個人成長。三、團隊凝聚力。在團隊層面上，接下來的練習能幫助各位評估團隊的生產力、找出潛在盲點並提升團隊凝聚力。在個人層面上，這些練習能幫助你提升團隊成員的貢獻，同時促進你的遠距工作績效。

1. 評估團隊目前的產出。（請見表格範例）

成果	是否達到期待？	是否超過期待？	解釋
新的網路應用程式工具	是	是	我們達到客戶想要分享數據的基本需求，接著也優化了對使用者友善的介面，並額外添加自然語言處理（natural language processing）功能。
銷售成效	否	否	成效比目標低了一六%。

2. 遠距工作能如何促進個人在團隊中的成長？

3.評估團隊的凝聚力。描述過去發現的種種改變，並列出下一步的可能性。（請見表格範例）

團隊凝聚力的證據	對生產力的影響	下一步
我們把小型團隊線上會議的數量加倍。	遠距團隊成員間的氣氛變得較不緊張，彼此的互動也變多了。	我們計畫採用每日線上簽到，試試看這麼做能否進一步提升團隊凝聚力，並在一個月後重新評估。

4. 如何讓團隊成員覺得在遠距團隊中有歸屬感？請詳細說明。

5. 列出一張清單，描述你在遠距工作時的家中狀況，評估這些特性會如何影響你的工作滿意度與生產力。

第四章　如何善用數位工具，維持遠距工作效率？

數位工具，是遠距團隊工作的基礎設備。沒有了數位工具，溝通不是變得更難，而是變得不可能。但正如本章敘述的，並非所有數位工具都是平等的，不同溝通場合適合使用不同媒介。接下來的練習，能促使各位反思與數位工具有關的關鍵要素，並採用對團隊來說最有效率的工具。在個人層面上，這些練習能使你更精準地為正確狀況選擇正確數位工具，於使用各種媒介時促進溝通成效。在團隊層面上，這些練習能推動成員間的知識分享，加強團隊整體的合作能力。

1. 描述上一次感到科技疲勞的狀況。未來你會用什麼方法，避免同樣狀況發生。

2. 你會怎麼區分面對面互動與數位溝通間的主要差異？

3. 請和團隊討論下列各項目，決定哪些數位工具最適合達到這些目標。舉例來說，當你在合作的過程中需要同步的豐富媒介時，較適合的選擇可能是視訊會議。

	同步	非同步
豐富	1. 協調 2. 討論 3. 協作 4. 招募團隊成員	5. 內容開發 6. 選擇合作對象
精實	7. 協調 8. 資訊交換	9. 內容開發 10. 資訊交換 11. 簡單協調 12. 複雜資訊

1.	2.	3.	4.
7.	8.	9.	10.

5.	6.
11.	12.

4. 你的團隊是否擅長分享知識？你和團隊還能怎麼改進？

5. 你認為使用私人社交媒體工具和團隊溝通的優缺點是什麼？

第五章　我的敏捷團隊，要如何遠距運作？

敏捷工作法與遠距團隊具有協同效益，從成立超過百年的跨國大型公司，到數位時代的科技新創公司都適用。接下來的練習，是透過一系列的步驟帶領各位走上敏捷方法與遠距團隊彼此結合的紅毯：利用敏捷工作法幫團隊建立連結、應用敏捷工作法達成獨一無二的團隊目標、更深入地反思敏捷工作法和遠距工作模式的同步方法，並更專注地使用能促進合作的數位工具。上述每個步驟都會幫助你的團隊更加理解敏捷哲學，接著在遠距工作模式下無痛執行。

1. 如何利用非同步溝通工具，幫助你的遠距敏捷團隊進行即時討論？

2. 敏捷工作法可如何幫助你的團隊？

3. 描述遠距工作能如何改善敏捷團隊運作流程。請提供至少兩個具體案例。

4. 你要如何以遠距敏捷團隊成員身分，為利害關係人提供更好的協助？請詳細說明。

第六章　我的跨國團隊要如何克服差異，邁向成功？

接下來的練習，能幫助各位反思你與團隊成員在哪些方面相似，哪些方面有所差異，以及這些差異曾造成什麼困難，而你又要如何應用常規來整合這些差異並打造團隊共享的身分認同。在個人層面上，每個練習都會減少你和團隊成員間的心理距離。在團隊層面上，這些練習將創造出更強大的共同身分認同，使團隊凝聚力與合作能力都更上一層樓。

1. 你要如何幫助團隊建立一致的身分認同？

2. 請描述過去曾在跨國分散式團隊中，遇到哪些不熟悉的信仰或常規。當時情形如何？

3. 請描述曾在何時，覺得你和來自不同文化背景的團隊成員有共通處。當時情形如何？

4. 你想向團隊成員學習哪些事？你又能教導他們哪些事？

5. 請回想上個月的工作，請描述你曾和團隊中的母語人士或非母語人士，在互動上遇到什麼困難。請解釋為什麼會覺得這種互動很困難。請解釋為什麼覺得這些狀況對他們來說或許很困難。

第七章　一位成功的遠距領導者，必須知道的事

理解這些挑戰的目的，是在線上虛擬工作環境中有效應用你的面對面領導能力，並主動付出努力，為團隊工作打好基礎，而這些基礎可能是同地點工作團隊會自然而然形成的。接下來的練習將加強各位的遠距領導能力，藉此預防斷層線所能造成的最糟影響（無論此斷層線來自地位差別、地理分布或文化差異）、最大化每位成員的潛力，並以最終目標為核心以凝聚整個團隊。

1. 你會怎麼描述領導同地點工作團隊，與領導遠距團隊間的主要差異？

2. 在你的團隊中，地位差異會以何種方式表現出來？若想減少地位差異的話，你能做到哪三件事以協助改善？

3. 你覺得團隊會如何評價你在溝通時的存在感？你應該要做出哪些改變？

4. 使用此表格，描述成員各自擁有哪些優點，能幫助你們達到集體目標。

團隊成員	優點

5. 找出與評估團隊中，有哪些斷層線會帶來負面影響。

斷層線	對團隊的影響

第八章　如何幫助團隊為突如其來的全球危機，做好準備？

若想獲得在危機中成長茁壯的能力，你需要擁有三種技巧：全景觀點、主動預測與立刻行動。接下來的練習，能促使你與同事反思團隊在「VUCA環境」中的獨特位置，以及這三個技巧能用何種方式協助團隊在遇到挑戰時，直接做出反應。你與團隊將會在回答下列問題時，將本章概念應用在遠距團隊所面對的特定狀況。

1. 請描述團隊在VUCA環境中遭遇的獨特挑戰。

2. 團隊成員多元化，是否有助團隊在VUCA環境中面對挑戰？

3. 來源國效應，會對你與團隊造成何種影響？

4. 試著闡述團隊針對全球危機所做的準備。

5.使用此表格，評估團隊的全景觀點能力、主動預測能力與面對危機時立刻採取行動的能力。可能的話，請提供具體範例闡述。

全景觀點	主動預測	立刻行動

致謝

我的學術研究領域，一直因諸多不同且多元的社群之無私貢獻而受惠，這讓我覺得自己實在幸運。二十年前，我認為科技將會對工作的本質帶來深遠衝擊。我因為這個想法，開始在史丹佛大學的管理科學與工程系攻讀博士學位，當時我和一群傑出人士一起全心研究工作、科技與組織的交會點。我永遠感激史帝夫・巴雷（Steve Barley）、鮑伯・索頓（Bob Sutton）、潘姆・韓茲（Pam Hinds）和戴安娜・貝利（Diane Bailey）為我們這整個世代的學者打下基礎，研究數位科技將如何以跨領域方式對工作帶來助益。

雖然遠距工作與跨國工作模式已穩定發展數十年，但我從未想過會因為出現這麼嚴重的流行性疾病，迫使這樣的工作模式以如此快的速度，成長至如今規模。

全球性的遠距工作規模之廣與範圍之大，使無數員工與主管必須跨越國界彼此合作。我在過去多年來受益於許多知識淵博的夥伴，他們深深影響了遠距工作的概念、框架與典範實務。我要特別感謝艾咪・伯恩斯坦（Amy Bernstein）、法蘭絲・弗雷（Frances Frei）、比爾・喬治（Bill George）、琳達・希爾（Linda Hill）、卡林・拉哈尼（Karim Lakhani）、保羅・李奧納迪（Paul Leonardi）、傑・洛西（Jay Lorsch）、尼丁・諾利亞（Nitin Nohria）、傑夫・波札爾（Jeff Polzer）、拉克希米・拉瑪拉傑（Lakshmi Ramarajan）與凱爾・伊（Kyle Yee），他們在這一路上提供許多寶貴見解。我還要特別感謝約翰・保羅・哈根（John Paul Hagan）、凱倫・普洛普（Karen Propp）、JT・凱勒（JT Keller）與派翠克・桑奎納蒂（Patrick Sanguineti），他們對本書的研究與發展貢獻良多。我也非常感謝哈佛商學院，慷慨地提供撰寫本書所需的大量資源。

一直以來，父母對我只有無條件地支持，我很感激他們的諒解與鼓勵。我在封城期間，以遠距工作模式撰寫這本有關遠距工作的書，我一點也不想和丈夫勞倫斯以外的任何人一起度過封城時期。我對丈夫的感激之情，已超越言語所能表達的程度，世上不可能有比他更情感充沛又學識豐富的伴侶了，他傑出的分析思維與善良的心靈，使我有時不夠成熟的構想得以取得平衡。

感謝哈波柯林斯出版集團（HarperCollins）的編輯何莉絲・辛波（Hollis Heimbouch），她幫助我就本書內容維持主軸不致偏移。我也要感謝經紀人朱莉亞・伊格頓（Julia Eagleton），她在最適當的時機，鼓勵我寫下這本書。

最後，我要感謝在過去二十年間，願意和我分享對於遠距工作或跨國工作的經驗、見解、焦慮、希望與擔憂的數千人。要完整呈現書中各種案例的唯一方法，就是詢問那些第一線工作者的親身經歷，所以非常感謝有這麼多人願意信任我並與我交流。我深切希望本書能充分闡述這些人的慷慨貢獻，並幫助所有採取遠距工作模式的所有人，不管在任何地方辦公，都能出色又成功。

20, no. 6 (2001): 495-507.

13 Donna W. McCloskey and Magid Igbaria, "Does 'Out of Sight' Mean 'Out of Mind'? An Empirical Investigation of the Career Advancement Prospects of Telecommuters," *Information Resources Management Journal* 16, no. 2 (2003): 19-34.

14 Jeffrey Polzer, "Building Effective One-on-One Work Relationships," Harvard Business School No. 497-028 (Boston: Harvard Business School Publishing, 2012).

第八章　如何幫助團隊為突如其來的全球危機，做好準備？

1 Richard H. Mackey Sr., *Translating Vision into Reality: The Role of the Strategic Leader* (Carlisle Barracks, PA: U.S. Army War College, 1992).

2 Robert D. Schooler, "Product Bias in the Central American Common Market," *Journal of Marketing Research* 2, no. 4 (1965): 394-97.

3 Jack Jenkins, "Why Palestinians Are Boycotting Airbnb," ThinkProgress, January 22, 2016, https://archive.thinkprogress.org/why-palestinians-are-boycotting-airbnb-d53e9cf12579/; Ioan Grillo, "Mexicans Launch Boycotts of U.S. Companies in Fury at Donald Trump," *Time*, January 27, 2017, http://time.com/4651464/mexico-donald-trump-boycott-protests/.

4 Grillo, "Mexicans Launch Boycotts."

5 David Montgomery, Ariana Eunjung Cha, and Richard A. Webster, "'We Were Not Given a Warning': New Orleans Mayor Says Federal Inaction Informed Mardi Gras Decision Ahead of Covid-19 Outbreak," *Washington Post*, March 27, 2020, https:// www.washingtonpost.com/national/coronavirus-new-orleans-mardi-gras /2020/03/26/8c8e23c8-6fbb-11ea-b148-e4ce3fbd85b5_story.html.

6 Erika Hayes James and Lynn Perry Wooten, "Leadership as (Un)usual: How to Display Competence in Times of Crisis," *Organizational Dynamics* 34, no. 2 (2005): 141-52.

7 Li Yang Hsu and Min-Han Tan, "What Singapore Can Teach the U.S. About Responding to Covid-19," *Stat*, March 23, 2020, https://www.statnews.com/2020/03/23/singapore-teach-united -states-about-covid-19-response/.

8 Katherine W. Phillips, Gregory B. Northcraft, and Margaret A. Neale, "Surface-Level Diversity and Decision- Making in Groups: When Does Deep-Level Similarity Help?," *Group Processes & Intergroup Relations* 9, no. 4 (2006): 467-82.

Daniel R. Ilgen, John R. Hollenbeck, Michael Johnson, and Dustin Jundt, "Teams in Organizations: From Input-Process-Output Models to IMOI Models," *Annual Review of Psychology* 56 (2005): 517-43.

3 Michael Boyer O'Leary and Jonathon N. Cummings, "The Spatial, Temporal, and Configurational Characteristics of Geographic Dispersion in Teams," *MIS Quarterly* 31, no. 3 (2007): 433-52; Michael B. O'Leary and Mark Mortensen, "Go (Con)figure: Subgroups, Imbalance, and Isolates in Geographically Dispersed Teams," *Organization Science* 21, no. 1 (2010): 115-31.

4 David J. Armstrong and Paul Cole, "Managing Distances and Differences in Geographically Distributed Work Groups," in *Distributed Work*, eds. Pamela Hinds and Sara Kiesler (Cambridge, MA: MIT Press, 2002), 167-86.

5 Jeffrey T. Polzer, C. Brad Crisp, Sirkka L. Jarvenpaa, and Jerry W. Kim, "Extending the Faultline Model to Geographically Dispersed Teams: How Colocated Subgroups Can Impair Group Functioning," *Academy of Management Journal* 49, no. 4 (2006): 679-92.

6 Paul M. Leonardi and Carlos Rodriguez-Lluesma, "Occupational Stereotypes, Perceived Status Differences, and Intercultural Communication in Global Organizations," *Communication Monographs* 80, no. 4 (2013): 478-502.

7 Dora C. Lau and J. Keith Murnighan, "Demographic Diversity and Faultlines: The Compositional Dynamics of Organizational Groups," *Academy of Management Review* 23, no. 2 (1998): 325-40.

8 Katerina Bezrukova, Karen A. Jehn, Elaine L. Zanutto, and Sherry M. B. Thatcher, "Do Workgroup Faultlines Help or Hurt? A Moderated Model of Faultlines, Team Identification, and Group Performance," *Organization Science* 20, no. 1 (2009): 35-50.

9 Pamela J. Hinds, Tsedal Neeley, and Catherine Durnell Cramton, "Language as a Lightning Rod: Power Contests, Emotion Regulation, and Subgroup Dynamics in Global Teams," *Journal of International Business Studies* 45, no. 5 (June-July 2014): 536-61.

10 Bezrukova et al., "Workgroup Faultlines."

11 Naomi Ellemers, Dick De Gilder, and S. Alexander Haslam, "Motivating Individuals and Groups at Work: A Social Identity Perspective on Leadership and Group Performance," *Academy of Management Review* 29, no. 3 (2004): 459-78.

12 Doreen B. Ilozor, Ben D. Ilozor, and John Carr, "Management Communication Strategies Determine Job Satisfaction in Telecommuting," *Journal of Management Development*

com/blog-post/using-agile-methods-in-research/.
9 Hrishikesh Bidwe, "4 Examples of Agile in Non-Technology Businesses," Synerzip, May 23, 2019, https:// www.synerzip.com/blog/4-examples-of-agile-in-non-technology-businesses/.
10 Andrea Fryrear, "Agile Marketing Examples & Case Studies," AgileSherpas, July 9, 2019, https://www.agilesherpas.com/agile-marketing-examples-case-studies/.
11 William R. Kerr, Federica Gabrieli, and Emer Moloney, *Transformation at ING (A): Agile*. Harvard Business School Case 818-077 (Boston: Harvard Business School Publishing, revised May 2018).
12 Tsedal Neeley, Paul Leonardi, and Michael Norris, *Eric Hawkins Leading Agile Teams @ Digitally-Born AppFolio (A).* Harvard Business School Case 419-066 (Boston: Harvard Business School Publishing, revised February 2020).

第六章　我的跨國團隊要如何克服差異，邁向成功？

1 Tsedal Neeley, *(Re)Building a Global Team: Tariq Khan at Tek*. Harvard Business School Case 414-059 (Boston: Harvard Business School Publishing, revised November 2015).
2 Georg Simmel, "The Stranger," in *The Sociology of Georg Simmel* (Glencoe, IL: Free Press, 1950), 402-8.
3 Tsedal Neeley, *The Language of Global Success: How a Common Tongue Transforms Multinational Organizations* (Princeton, NJ: Princeton University Press, 2017).
4 Adapted from Tsedal Neeley, "Global Teams That Work," *Harvard Business Review* 93, no. 10 (2015), 74-81.

第七章　一位成功的遠距領導者，必須知道的事

1 Frances Frei and Anne Morriss, *Unleashed: The Unapologetic Leader's Guide to Empowering Everyone Around You* (Boston: Harvard Business School Press, 2020).
2 在本書中，團隊結構指的是團隊的物理配置。多數人都知道，在團隊合作的相關文章中，團隊結構指的往往是更廣泛的屬性，包括工作協作、權限、角色與責任、常規與互動模式等。 See Greg L. Stewart and Murray R. Barrick, "Team Structure and Performance: Assessing the Mediating Role of Intrateam Process and the Moderating Role of Task Type," *Academy of Management Journal* 43, no. 2 (2000): 135-48;

餘溝通。

14 Pnina Shachaf, "Cultural Diversity and Information and Communication Technology Impacts on Global Virtual Teams: An Exploratory Study," *Information & Management* 45, no. 2 (2008): 131-42.

15 Anders Klitmøller and Jakob Lauring, "When Global Virtual Teams Share Knowledge: Media Richness, Cultural Difference and Language Commonality," *Journal of World Business* 48, no. 3 (2013): 398-406.

16 Norhayati Zakaria and Asmat Nizam Abdul Talib, "What Did You Say? A Cross-Cultural Analysis of the Distributive Communicative Behaviors of Global Virtual Teams," 2011 International Conference on Computational Aspects of Social Networks (CASoN) (2011): 7-12.

17 Tsedal B. Neeley and Paul M. Leonardi, "Enacting Knowledge Strategy through Social Media: Passable Trust and the Paradox of Non-Work Interactions," *Strategic Management Journal* (in press).

第五章　我的敏捷團隊，要如何遠距運作？

1 Kent Beck, Mike Beedle, Arie van Bennekum, Alistair Cockburn, et al., "Manifesto for Agile Software Development," 2001, https://agilemanifesto.org/.

2 Jeff Sutherland and J. J. Sutherland, *Scrum: The Art of Doing Twice the Work in Half the Time* (New York: Crown, 2014), 6.

3 Stephen Denning, *The Age of Agile: How Smart Companies Are Transforming the Way Work Gets Done* (New York: Amacom, 2018).

4 Beck et al., "Manifesto."

5 Subhas Misra, Vinod Kumar, Uma Kumar, Kamel Fantazy, and Mahmud Akhter, "Agile Software Development Practices: Evolution, Principles, and Criticisms," *International Journal of Quality & Reliability Management* 29, no. 9 (2012): 972-80.

6 Sutherland and Sutherland, *Scrum*.

7 Alesia Krush, "5 Success Stories That Will Make You Believe in Scaled Agile," *ObjectStyle* (blog), January 13, 2018, https://www.objectstyle.com/agile/scaled-agile-success-story-lessons.

8 Paul LaBrec and Ryan Butterfield, "Using Agile Methods in Research," *Inside Angle* (blog), 3M Health Information Systems, June 28, 2016, https://www.3mhisinsideangle.

5 Catherine Durnell Cramton, "The Mutual Knowledge Problem and Its Consequences for Dispersed Collaboration," *Organization Science* 12, no. 3 (2001), 346-71.

6 John Short, Ederyn Williams, and Bruce Christie, *The Social Psychology of Telecommunications* (London: Wiley, 1976).

7 Richard L. Daft and Robert H. Lengel, "Organizational Information Requirements, Media Richness, and Structural Design," *Management Science* 32, no. 5 (1986): 554-71.

8 Alan R. Dennis, Robert M. Fuller, and Joseph S. Valacich, "Media, Tasks, and Communication Processes: A Theory of Media Synchronicity," *MIS Quarterly* 32, no. 3 (2008): 575-600.

9 Jolanta Aritz, Robyn Walker, and Peter W. Cardon, "Media Use in Virtual Teams of Varying Levels of Coordination," *Business and Professional Communication Quarterly* 81, no. 2 (2018): 222-43; Dennis, Fuller, and Valacich, "Media, Tasks."

10 Roderick I. Swaab, Adam D. Galinsky, Victoria Medvec, and Daniel A. Diermeier, "The Communication Orientation Model Explaining the Diverse Effects of Sight, Sound, and Synchronicity on Negotiation and Group Decision-Making Outcomes," *Personality and Social Psychology Review* 16, no. 1 (2012): 25-53.

11 Swaab et al., "Communication Orientation Model."

12 Arvind Malhotra and Ann Majchrzak, "Enhancing Performance of Geographically Distributed Teams Through Targeted Use of Information and Communication Technologies," *Human Relations* 67, no. 4 (2014): 389-411.

13 Paul M. Leonardi, Tsedal B. Neeley, and Elizabeth M. Gerber, "How Managers Use Multiple Media: Discrepant Events, Power, and Timing in Redundant Communication," Organization Science 23, no. 1 (2012): 98-117. 在判定訊息是否屬於冗餘訊息時，該訊息必須包含第一次溝通時傳遞的綜合訊息，才能符合冗餘訊息的標準。冗餘訊息中不能含有新的資訊，也不能要求收訊者參與任何新活動。換句話說，即使冗餘訊息使用的語言和原始措辭不同，也不能提起任何新資訊，例如你可以在第二次溝通的過程中使用「正如我之前提過的」或「請別忘了」等措辭來引述上一次溝通的內容。依據一般人的經驗法則，若訊息中有約八成的內容都是來自第一則訊息，那麼這則訊息就是冗餘訊息。如果資訊內容大致相同，我們就可把兩次溝通歸類為一次冗餘溝通，並決定這兩個訊息的屬性。舉例來說，如果發現有一位主管打電話給一位團隊成員，提供一些數字讓他寫進報告中，接著又用電子郵件把同樣的數字寄給這位團隊成員的話，我們就會把這兩次溝通，歸類為「電話→電子郵件」屬性的冗

14 Stefanie K. Johnson, Kenneth Bettenhausen, and Ellie Gibbons, "Realities of Working in Virtual Teams: Affective and Attitudinal Outcomes of Using Computer-Mediated Communication," *Small Group Research* 40, no. 6 (2009): 623-49.

15 Timothy D. Golden, John F. Veiga, and Richard N.Dino, "The Impact of Professional Isolation on Teleworker Job Performance and Turnover Intentions: Does Time Spent Teleworking, Interacting Face-to-Face, or Having Access to Communication-Enhancing Technology Matter?," *Journal of Applied Psychology* 93, no. 6 (2008): 1416.

16 Nick Tate, "Loneliness Rivals Obesity, Smoking as Health Risk," WebMD, May 4, 2018, https://www.webmd.com/balance/news/20180504/loneliness-rivals-obesity-smoking-as-health-risk.

17 Timothy D. Golden and Ravi S. Gajendran, "Unpacking the Role of a Telecommuter's Job in Their Performance: Examining Job Complexity, Problem Solving,Interdependence, and Social Support," *Journal of Business and Psychology* 34 (2019): 55-69.

18 Cynthia Corzo, "Telecommuting Positively Impacts Job Performance, FIU Business Study Reveals," *BizNews* .FIU.Edu (blog), February 20, 2019, https://biznews.fiu.edu/2019/02/telecommuting-positively-impacts-job-performance-fiu-business-study-reveals/.

19 Ronald P. Vega and Amanda J. Anderson, "A Within-Person Examination of the Effects of Telework," *Journal of Business and Psychology* 30 (2015): 319.

第四章　如何善用數位工具，維持遠距工作效率？

1 Tsedal Neeley, J. T. Keller, and James Barnett, *From Globalization to Dual Digital Transformation: CEO Thierry Breton Leading Atos Into "Digital Shockwaves" (A).* Harvard Business School Case No. 419-027 (Boston: Harvard Business School Publishing, April 2019).

2 David Burkus, "Why Banning Email Works (Even When It Doesn't)," *Inc.*, July 26, 2017, https://www.inc.com/david-burkus/why-you-should-outlaw-email-even-if-you-dont-succe.html.

3 Max Colchester and Geraldine Amiel, "The IT Boss Who Shuns Email," *Wall Street Journal*, November 28, 2011, https://www.wsj.com/articles/SB10001424052970204452104577060103165 399154.

4 Burkus, "Banning Email."

3 Clive Thompson, "What If Working from Home Goes on . . . Forever?," *New York Times*, June 9, 2020, https://www.nytimes.com/interactive/2020/06/09/magazine/remote-work-covid.html.

4 "The Deloitte Global Millennial Survey 2020," Deloitte, June 2020, https://www2.deloitte.com/global/en/pages/about-deloitte/articles/millennialsurvey.html#infographic.

5 J. Richard Hackman, *Leading Teams: Setting the Stage for Great Performances* (Boston: Harvard Business School Press, 2002).

6 *Work-Life Balance and the Economics of Workplace Flexibility*, prepared by the Council of Economic Advisers (Obama Administration), Executive Office of the President (Washington, D.C., March 2010), https://obamawhitehouse.archives.gov/files/documents/100331-cea-economics-workplace-flexibility.pdf.

7 Tsedal Neeley and Thomas J. DeLong, *Managing a Global Team: Greg James at Sun Microsystems Inc. (A)*. Harvard Business School Case No. 409-003 (Boston: Harvard Business School Publishing, July 2008).

8 Nicholas Bloom, James Liang, John Roberts, and Zhichun Jenny Ying, "Does Working from Home Work? Evidence from a Chinese Experiment," *Quarterly Journal of Economics* 130, no. 1 (2015): 165-218.

9 Prithwiraj (Raj) Choudhury, Cirrus Foroughi, and Barbara Larson, "Work-from-Anywhere: The Productivity Effects of Geographic Flexibility," *Academy of Management Proceedings*, (2020, forthcoming): 1-43.

10 Donna Weaver McCloskey, "Telecommuting Experiences and Outcomes: Myths and Realities," in *Telecommuting and Virtual Offices: Issues and Opportunities*, ed. Nancy J. Johnson (Hershey, PA: Idea Group, 2011), 231-46.

11 Timothy D. Golden, "Avoiding Depletion in Virtual Work: Telework and the Intervening Impact of Work Exhaustion on Commitment and Turnover Intentions," *Journal of Vocational Behavior* 69, no. 1 (2006): 176-87.

12 Ellen Ernst Kossek, Brenda A. Lautsch, and Susan C. Eaton, "Telecommuting, Control, and Boundary Management: Correlates of Policy Use and Practice, Job Control, and Work-Family Effectiveness," *Journal of Vocational Behavior* 68, no. 2 (2006): 347-67.

13 David G. Allen, Robert W. Renn, and Rodger W. Griffeth, "The Impact of Telecommuting Design on Social Systems, Self-Regulation, and Role Boundaries," *Research in Personnel and Human Resources Management* 22 (2003): 125-63.

10 Norhayati Zakaria and Shafiz Affendi Mohd Yusof, "Can We Count on You at a Distance? The Impact of Culture on Formation of Swift Trust Within Global Virtual Teams," in *Leading Global Teams: Translating Multidisciplinary Science to Practice*, eds. Jessica L. Wildman and Richard L. Griffith (New York: Springer, 2015), 253-68.

11 Debra Meyerson, Karl E. Weick, and Roderick M. Kramer, "Swift Trust and Temporary Groups," in *Trust in Organizations*, eds. Roderick M. Kramer and Tom R. Tyler (Thousand Oaks, CA: Sage, 1996), 166-95.

12 D. Sandy Staples and Jane Webster, "Exploring the Effects of Trust, Task Interdependence and Virtualness on Knowledge Sharing in Teams," *Info Systems Journal* 18, no. 6 (2008): 617-40.

13 Lucia Schellwies, *Multicultural Team Effectiveness: Emotional Intelligence as a Success Factor* (Hamburg: Anchor Academic Publishing, 2015).

14 Mark Mortensen and Tsedal Neeley, "Reflected Knowledge and Trust in Global Collaboration," *Management Science* 58, no. 12 (2012): 2207-24.

15 Paul C. Cozby, "Self-Disclosure: A Literature Review," *Psychological Bulletin* 79, no. 2 (1973): 73-91; Valerian J. Derlega, Barbara A. Winstead, and Kathryn Greene, "Self-Disclosure and Starting a Close Relationship," in *Handbook of Relationship Initiation*, eds. Susan Sprecher, Amy Wenzel, and John Harvey (New York: Psychology Press, 2008), 153-74; Kathryn Greene, Valerian J. Derlega, and Alicia Mathews, "Self-Disclosure in Personal Relationships," in T*he Cambridge Handbook of Personal Relationships*, eds. Anita L. Vangelisti and Daniel Perlman (Boston: Cambridge University Press, 2006), 409-27.

第三章　遠距工作模式下，團隊如何維持高生產力？

1 Bobby Allyn, "Your Boss Is Watching You: Work-From-Home Boom Leads to More Surveillance," *NPR: All Things Considered* (blog), May 13, 2020, https://www.npr.org/2020/05/13/854014403/your-boss-is-watching-you-work-from-home-boom-leads-to-more-surveillance.

2 Chip Cutter, Te-Ping Chen, and Sarah Krouse, "You're Working from Home, but Your Company Is Still Watching You," *Wall Street Journal*, April 18, 2020, https://www.wsj.com/articles/youre-working-from-home-but-your-company-is-still-watching-you-11587202201?mod=searchresults&page=2&pos=18.

10 Amy C. Edmondson, *The Fearless Organization: Creating Psychological Safety in the Workplace for Learning, Innovation, and Growth* (Hoboken, NJ: John Wiley & Sons, 2019).

11 Timothy D. Golden, John F. Veiga, and Richard N. Dino, "The Impact of Professional Isolation on Teleworker Job Performance and Turnover Intentions: Does Time Spent Teleworking, Interacting Face-to-Face, or Having Access to Communication-Enhancing Technology Matter?," *Journal of Applied Psychology* 93, no. 6 (2008): 1412-21.

第二章　我如何相信同事，假如我們根本見不到面？

1 Daniel J. McAllister, "Affect- and Cognition-Based Trust as Foundations for Interpersonal Cooperation in Organizations," *Academy of Management Journal* 38, no. 1 (1995): 24-59.

2 Roy Y. J. Chua, Michael W. Morris, and Shira Mor, "Collaborating Across Cultures: Cultural Metacognition and Affect-Based Trust in Creative Collaboration," *Organizational Behavior Human Decision Processes* 118, no. 2 (2012): 116-31.

3 Tsedal Neeley and Paul M. Leonardi, "Enacting Knowledge Strategy Through Social Media: Passable Trust and the Paradox of Non- Work Interactions," *Strategy Management Journal* 39, no. 3 (2018): 922-46.

4 Brad C. Crisp and Sirkka L. Jarvenpaa, "Swift Trust in Global Virtual Teams: Trusting Beliefs and Normative Actions," *Journal of Personnel Psychology* 12, no. 1 (2013): 45.

5 Crisp and Jarvenpaa, "Swift Trust," 45-56.

6 P. Christopher Earley and Cristina B. Gibson, *Multinational Work Teams: A New Perspective* (Mahwah, NJ: Lawrence Erlbaum, 2002).

7 Daniel J. McAllister, "Affect- and Cognition-Based Trust as Foundations for Interpersonal Cooperation in Organizations," *Academy of Management Journal* 38, no. 1 (1995): 24-59.

8 Mijnd Huijser, *The Cultural Advantage: A New Model for Succeeding with Global Teams* (Boston: Intercultural Press, 2006).

9 這個案例改編自過去針對跨國遠距團隊信任程度的一系列描述性個案研究: Sirkka L. Jarvenpaa and Dorothy E. Leidner, "Communication and Trust in Global Virtual Teams," *Organization Science* 10, no. 6 (1999): 791-815. 在有關遠距團隊的快速信任研究中，此篇論文是最早發表、也最多人引用的。

註釋

第一章　如何適應遠距工作模式，並持續發揮能力？

1 J. Richard Hackman, *Collaborative Intelligence: Using Teams to Solve Hard Problems* (Oakland: Berrett-Koehler, 2011), 155.

2 Ruth Wageman, Colin M. Fisher, and J. Richard Hackman, "Leading Teams When the Time Is Right: Finding the Best Moments to Act," *Organizational Dynamics* 38, no. 3 (2009): 194.

3 Wageman, Fisher, and Hackman, "Leading Teams," 193-203.

4 Wageman, Fisher, and Hackman, "Leading Teams."

5 John Mathieu, M. Travis Maynard, Tammy Rapp, and Lucy Gilson, "Team Effectiveness 1997-2007: A Review of Recent Advancements and a Glimpse Into the Future," *Journal of Management* 34, no. 3 (2008): 410-76.

6 Michael B. O'Leary, Anita W. Woolley, and Mark Mortensen, "Multiteam Membership in Relation to Multiteam Systems," *in Multiteam Systems: An Organization Form for Dynamic and Complex Environments*, ed. Stephen J. Zaccaro, Michelle A. Marks, and Leslie DeChurch (New York: Routledge, 2012), 141-72.

7 Mark Mortensen and Martine R. Haas, "Perspective- Rethinking Teams: From Bounded Membership to Dynamic Participation," *Organization Science* 29, no. 2 (2018): 341-55.

8 Alex Pentland, "The New Science of Building Great Teams," *Harvard Business Review* 90 (April 2012): 60-69.

9 Mark Mortensen and Pamela J. Hinds, "Conflict and Shared Identity in Geographically Distributed Teams," *International Journal of Conflict Management* 12, no. 3 (2001): 212-38.

國家圖書館出版品預行編目（CIP）資料

遠距工作革命：哈佛商學院教授教你，在哪辦公都高效的創新方法 / 采黛爾・尼利（Tsedal Neeley）作；聞翊均譯 . -- 初版 . -- 臺北市：今周刊出版社股份有限公司，2022.04

面；　公分 . --（FUTURE 系列；11）

譯自：Remote work revolution : succeeding from anywhere

ISBN 978-626-7014-38-7（平裝）

1. CST: 企業管理　2. CST: 電子辦公室　3. CST: 工作效率

494　　11000096

FUTURE 系列 011

遠距工作革命

哈佛商學院教授教你，在哪辦公都高效的創新方法

Remote Work Revolution: Succeeding from Anywhere

作　　者　采黛爾・尼利（Tsedal Neeley）
譯　　者　聞翊均
資深主編　許訓彰
校　　對　李　韻、許訓彰
副總編輯　鍾宜君
行銷經理　胡弘一
企畫主任　朱安棋
行銷企畫　林律涵
封面設計　萬勝安
內文排版　藍天圖物宣字社

出 版 者　今周刊出版社股份有限公司
發 行 人　梁永煌
社　　長　謝春滿
副 總 監　陳姵蒨

地　　址　台北市中山區南京東路一段 96 號 8 樓
電　　話　886-2-2581-6196
傳　　真　886-2-2531-6438
讀者專線　886-2-2581-6196 轉 1
劃撥帳號　19865054
戶　　名　今周刊出版社股份有限公司
網　　址　http://www.businesstoday.com.tw

總 經 銷　大和書報股份有限公司
製版印刷　緯峰印刷股份有限公司
初版一刷　2022 年 4 月
定　　價　420 元